丘陵山区迈向绿色高效农业丛书

现代 SHIYONG JUN ZAIPEI
食用菌栽培
实/用/技/术/问/答

刘世玲　焦海涛◎主编

XIANDAI
SHIYONG JUN ZAIPEI
SHIYONG JISHU WENDA

U0232810

长江出版传媒　湖北科学技术出版社

《现代食用菌栽培实用技术问答》
编 委 会

主　　编　刘世玲　焦海涛

副主编　李克彬　王昌付　林建新

编写人员（按姓氏笔画排序）

王　方　朱　红　李云飞　杨迎春　张顺凯

周　刚　尚　淼　施昌华　姚玉玲　黄启林

彭慧雯　彭娅捷

　　"三农"问题是关系国计民生的根本性问题,全面建成小康社会,重点和难点都在农村。我国农村地域广袤,人口众多,自然资源千差万别,各地经济社会发展水平也极不平衡。从湖北省实际情况看,丘陵山区面积占到国土总面积的 56%,61个县(市、区)属于丘陵山区,其中大别山区、武陵山区、秦巴山区和幕阜山区脱贫致富奔小康的任务依然非常艰巨。丘陵山区受地理条件等因素影响,经济发展相对滞后,农民单靠种粮无法实现增收致富的目标。食用菌产业不仅具有 "短、平、快"的特点,而且是生态循环产业,已经成为许多贫困地区和贫困农户脱贫致富的首选项目。2017 年中央一号文件亦将食用菌列入优势特色产业,食用菌产业在脱贫攻坚中也取得了显著成效,食用菌栽培无疑是丘陵山区农业增效、农民增收和农村脱贫的好项目。

　　与传统的种植业、养殖业相比,食用菌栽培的生产环节多,技术密集,且难度较大,生产操作要求严格。因此,发展食用菌产业需要科学引领、科技培训,提高农民素质,提高科技意识和技术水平。宜昌市农业科学研究院微生物研究所所长刘世玲作为高级农艺师从事食用菌栽培技术研究和技术推广 20 多年,一直工作在食用菌科研工作第一线,理论知识和实践经验都相当丰富,在全省食用菌行业享有盛名。本次刘世玲所长联合诸多知名食用菌行业技术人员,共同编写"丘陵山区迈向绿色高效农业" 丛书中的《现代食用菌栽培实用技术问答》,该书内容全面,采用问答形式,较详细地将食用菌基本知识,以及 10 多种适宜丘陵山区栽培的食用菌品种的栽培管理、病虫害防治和加工技术进行讲解,文字通俗易懂,易于学习理解。

　　该书内容既涉及我国广为栽培的食用菌品种,也包含了目前正在推广的珍稀食用菌品种。本书的出版发行,必将有力推动湖北省丘陵山区食用菌产业快速发展,增强食用菌科技对农村经济发展的支撑力度。

边银丙

中国食用菌协会副会长

中国菌物学会副理事长

湖北省食用菌协会会长

华中农业大学应用真菌研究所所长

2018 年 12 月

前　言

　　我国食用菌产业伴随着改革开放的进程，为农村经济发展、为国家出口创汇、为农民增收致富做出了突出贡献。2017年，中央一号文件将食用菌列为优势特色产业，给食用菌产业发展带来新的机遇，在国家精准扶贫和乡村振兴发展战略背景下，丘陵山区发展食用菌产业的热情高涨，产品出口连续增长，国内市场更加活跃，食用菌产业已成为山区优势特色产业和助农增收致富的主要途径。

　　丘陵山区迈向绿色高效农业丛书之《现代食用菌栽培实用技术问答》，共分十八章，385个问答，包括了食用菌生产基础知识、食用菌菌种、灭菌与消毒和适宜丘陵山区种植的香菇、黑木耳、平菇、羊肚菌、灰树花、草菇、竹荪、灵芝、大球盖菇、金针菇、天麻、双孢蘑菇等12种食用菌种植技术，及食用菌病虫害、食用菌保鲜与加工技术等内容，通过问答形式，将技术要点说明清楚，让从业人员能迅速掌握食用菌栽培技术的精髓。全书可以说是丘陵山区食用菌从业者学习、应用、技术查询的一部实用技术工具书。

　　本书由常年从事食用菌科研、生产、技术推广等方面的食用菌从业人员编写，每段文字都是各参编者诸多艰辛劳动与智慧的结晶。本书的编撰中，得到了湖北省食用菌协会、宜昌市农业科学研究院的关心和支持。受人力、时间、编写水平、掌握材料等方面的限制，本书肯定还存在一些疏漏和不妥之处，希望广大读者和同仁不吝赐教，让本书得到补缺修正。谨向关心支持丘陵山区食用菌产业发展的业界同仁表示衷心感谢！我们将坚持为推进食用菌产业持续健康发展做出不懈努力！

编　者

2019年1月

目录

一、食用菌基础知识

二、食用菌菌种

三、灭菌与消毒

四、食用菌栽培设施与设备

五、香菇栽培技术

六、黑木耳栽培技术

七、平菇等侧耳属品种栽培技术

八、羊肚菌栽培技术

九、灰树花栽培技术

十、草菇栽培技术

十一、竹荪栽培技术

十二、灵芝栽培技术

十三、大球盖菇栽培技术

十四、金针菇栽培技术

十五、天麻栽培技术

十六、双孢蘑菇栽培技术

十七、食用菌病虫害

十八、食用菌保鲜与加工技术

一、食用菌基础知识

什么是食用菌?

食用菌一般是指可供人们食用或药用的大型真菌,具有肉质、胶质或纤维质的子实体,俗称"菇""蕈""菌""耳",例如香菇、平菇、金针菇、猴头菇、黑木耳、银耳、灵芝等,或具有可食用的大型菌核,如茯苓、猪苓、块菌等。在分类学上大部分食用菌属于真菌门中的担子菌纲,少部分属于子囊菌纲。

食用菌在我国农业生产中处于什么地位? 有什么作用?

我国领土辽阔,地形多变,气候环境复杂多样,孕育了丰富的食、药用菌资源。目前,我国已知食用菌近 950 种,其中可人工栽培和菌丝体发酵培养约 100 种,药用蕈菌及试验有效的约 500 种。

经过 30 多年的发展,我国的食用菌人工生产已经实现传统生产和现代化种植的方式并存。我国食用菌产量占世界总产量的 70% 以上,食用菌总产量在种植业中仅次于粮食、蔬菜、果品和油料作物。我国食、药用菌的栽培种类已达 70 多种,大宗品种有香菇、平菇、木耳、双孢蘑菇、金针菇和草菇等,一些珍稀品种如白灵菇、茶树菇、真姬菇、灰树花和羊肚菌等也受到市场青睐。近年来,金针菇、杏鲍菇、海鲜菇和双孢蘑菇等品种已逐渐实现工厂化生产,灵芝、虫草、茯苓和天麻等药用菌的市场需求潜力也巨大。食用菌产品的深加工水平不断提升,目前利用食用菌深加工制成的调味品、保健品和药品等种类近 500 种。食用菌产业特色鲜明,行业发展已进入了新阶段。

据中国食用菌协会对全国 27 个省、自治区、直辖市(不含西藏、宁夏、青海、海南和港澳台)食用菌产量的统计调查,2016 年全国食用菌总产量为 3 596.7 万吨,产值为 2 741.8 亿元。按品种产量统计,前 7 位的品种依次是:香菇(898.3 万吨)、黑木耳(679.54 万吨)、平菇(538.11 万吨)、双孢蘑菇(335.22 万吨)、金针菇(266.93 万吨)、毛木耳(183.43 万吨)和滑菇(177.1 万吨)。排在前 7 位的品种的总产量占全年全国食用菌总产量的 85.6%,是我国食用菌产品的主要品种。2016 年产量在 90 万~20 万吨的食用菌品种有杏鲍菇、茶树菇、银耳、真姬菇、秀珍菇、草菇等六个品种。

据中国海关和国家统计局的数据统计,2016 年我国共出口食(药)用菌类产品(干、鲜混合计算)55.05 万吨。出口金额在 1 亿美元以上的产品有干香菇、干木耳和小白蘑菇罐头。我国的香菇、木耳和银耳等产品已出口到亚洲、美洲、欧洲及非洲近百个国家和地区。目前全国食用菌年产值达千万元以上的县有 500 多个,达亿元以上的县有 100 多个,有的县食用菌年产值近百亿元,全国从业人口逾 2 000 万元。通过发展食用菌产业,带动农民增收,实现了农业增效,改变了农村经济面貌。

3 食用菌产品有何食用价值及药用价值? 开发前景如何?

食用菌自古被称为"山珍",现在被誉为"保健食品"和"功能食品",在西方国家被称为"植物性食品的顶峰"。因其丰富的营养价值和药用价值,为广大消费者所青睐。食用菌风味独特、口感滑腻、营养丰富、味道鲜美,含有 8 种人体所必需的氨基酸,蛋白质含量在 15%~30%,脂肪含量只有 2%~5%,属于典型的高蛋白、低脂肪的健康食品,食用菌中的赖氨酸和亮氨酸含量相当丰富,经常食用食用菌,可使机体营养得到平衡,提高人体免疫力。

常见的食用菌中,平菇性微温、味甘,所含氨基酸总量约为干重的 15%,具有滋养、补脾、养胃、除湿驱寒、舒筋活络、和中润肠、增进食欲、提高人体免疫力等功效;双孢蘑菇性凉、味甘平,有开胃理气、解毒化瘀、止吐、止泻、清神护肝等功效,常食可增进食欲、防止感冒、清热生津、和中润肠;香菇是一种高蛋白、低脂肪、低热量,富含维生素和微量元素的高营养食品,其蛋白质含量超过猪肉、牛肉,仅次于大豆;钙、磷含量比鸡肉、菠菜高 3 ~ 8 倍;其维生素 B1、维生素 B2、维生素 C 含量高于番茄、胡萝卜。

香菇中的双链核糖核酸能诱导机体产生β-干扰素,研究证明β-干扰素可抑制"非典"病毒的增殖。香菇多糖是著名的免疫生物反应调节剂,它有护肝、增强机体免疫功能的作用,能活化 T 淋巴细胞,激活杀伤细胞,诱生干扰素,抑制病毒复制,促进巨噬细胞活化,显著提高巨噬细胞吞噬作用,有显著的抗癌作用。临床上香菇多糖既可作为免疫增强剂,用于病毒性肝炎、肝硬化、哮喘、糖尿病、艾滋病的治疗,又可用于乳腺癌、恶性血液、肝癌等恶性肿瘤的辅助治疗。

金针菇性寒、味咸、滑润,有利肝脏、益肠胃、增智、抗癌等功效,还能防治肝炎、胃溃疡等疾病。所含朴菇素和活性多糖对癌细胞也有抑制作用,常食还可降血压。每 100 克鲜菇中含蛋白质 2.72 克,其中赖氨酸和精氨酸含量特别丰富,能增强儿童的智力发育,在日本被称为"增智菇"。

草菇性凉、味甘、微咸,有补脾益气、清热解暑、抗坏血症、提高免疫力、加速伤口和创伤愈合等功效。它还具有降低胆固醇和抗癌、解毒作用,可阻止体内亚硝酸盐的形成,其品质鲜嫩、味道鲜美,肉质细腻、菇汤如奶,营养价值很高。

黑木耳滑嫩爽口、清脆鲜美、营养丰富,是一种可食、可药、可补的黑色保健食品,有"素中之荤"之美誉。据报道,每 100 克干黑木耳中含蛋白质 10.6 克、氨基酸 11.4 克、脂肪 1.2 克、碳水化合物 65 克、纤维素 7 克,还含有钙、磷、铁等矿物质元素和多种维生素。在灰分元素中,黑木耳中铁元素的含量比肉类高 100 倍,钙的含量是肉类的 30 ～ 70 倍,磷的含量是番茄、马铃薯的 4 ～ 7 倍,维生素 B2 的含量是米、面和蔬菜的 10 倍。《本草纲目》中记述:"木耳性甘平,主治益气不饥,轻身强志,并有治疗痔疮、血痢下血等作用。"木耳具有养胃、止血、止痛、润燥、补血、排毒、通便、抗血小板凝集、降胆固醇、免疫抗癌、滋润强壮、清肺益气等功效;主治产后虚弱、贫血、跌打损伤、伤口愈合、寒湿性腰腿病、预防心脑血管病等;亦是化纤、棉、麻、毛纺织工人日常的保健食品。

杏鲍菇肉质肥厚,菌柄色泽雪白、粗长、组织细密结实,开伞慢,孢子少,子实体质地脆嫩,味道鲜美,风味独特,保鲜期长,寡糖含量丰富,有整肠美容效果,是味道最好的菇类之一。它具有杏仁香味,适合保鲜、加工和烹调。杏鲍菇的营养十分丰富,植物蛋白含量高达 25%,含 18 种氨基酸和具有提高人体免疫力、抗癌的多糖。中医认为,杏鲍菇有益气、杀虫和美容作用,是一种口感好又具有药用功能的食用菌品种。

灵芝自古以来就被认为是吉祥、富贵、美好、长寿的象征,有"仙草""瑞草"之称,中华传统医学长期以来一直视之为滋补强壮、固本扶正的珍贵中草药。东汉时期的《神农本草经》中将灵芝列为上品,认为"久食,轻身不老,延年神仙"。《本草纲目》中记载,灵芝味苦、性平,无毒,益心气,活血,入心充血,助心充脉,安神,益肺气,补肝气,补中,增智慧,好颜色,利关节,坚筋骨,祛痰,健胃。现代医学证明,灵芝含有多种生理活性物质,能够调节、增强人体免疫力,对神经衰弱、风湿性关节炎、冠心病、高血压、肝炎、糖尿病、肿瘤等有良好的协同治疗作用。最新研究表明,灵芝还具有抗疲劳、美容养颜、延缓衰老、防治艾滋病等功效,其有效成分主要有灵芝素、灵芝酸、有机锗、三萜类、多糖类、生物碱类、甾醇类、烟酸、脂肪酸及微量元素等。

天麻历来为我国所特有的名贵中药材之一,性甘、平、微腥,可以平肝潜阳、治肝阳上亢,专治高血压、高血脂,还可以息风止痉,治小儿急慢惊风、破伤风、癫痫等症,还能通经活络,治中风后遗症、手足不遂、肢麻痉挛、风湿痹症等疾病。

在政府一系列方针政策的指引下,食用菌产业迎来了前所未有的机遇,"一荤一素一菇"均衡营养理念不断深入人心,随着人们生活水平的提高,我国食用菌消费量以每年 7% 以上的速度持续增长,其市场潜力十分巨大。

食用菌可持续发展特性符合中国国情和长远发展战略的需要,在中国人口众多、耕地资源有限、水资源紧缺、农村废弃资源丰富(栽培食用菌的原料如秸秆等农

作物和畜牧业废弃物)的形势下,发展食用菌生产产业,有利于克服传统粗放经营对生态环境资源的污染和损害,促进了农村经济和循环经济的健康持续发展,实现了环境保护与经济发展的双赢。

在国家精准扶贫、发展循环经济、绿色生态农业、林下经济及现代农业等相关政策的刺激下,各级行政、财政部门加大了对食用菌产业的扶持力度,推动了部分地区扩大食用菌栽培面积,食用菌总的产量有所增加。国家不断出台农产品加工扶持政策,食用菌深加工行业成为经济发展的新增长点。

2017年中央一号文件将食用菌产业列为提倡大力发展的"优势特色产业"之一,按照中央提出的"提质增效"和"提档升级"的要求,我们要努力将食用菌行业打造成为在社会上具有广泛影响力的诚信建设示范行业,成为现代农业中的示范产业。

 食用菌获取营养的方式有哪几种?

根据获取营养的方式不同,食用菌一般可分为腐生型、共生型和寄生型三种。腐生型食用菌能分泌各种胞外酶,将已死亡的有机体加以分解,从中吸取养料,并获得能量;共生型食用菌能与其他生物,主要是各种植物形成互惠互利的共生关系,植物为共生的真菌提供营养,而真菌则帮助植物吸收水分和养分,同时分泌植物所需的维生素和生长激素;寄生型食用菌能寄生于一种植物体上,并单方面吸取寄主植物的营养以维持生活。在自然界中腐生型食用菌占绝大多数,目前人们能进行商品化栽培的食用菌多数属于腐生菌。

 腐生型食用菌有哪些?

腐生型食用菌分为木生食用菌、土生食用菌、粪生食用菌和草生食用菌四类。

(1)木生食用菌。指生长在枯木、倒木、树洞、树桩及断枝上的食用菌,如香菇、黑木耳、猴头菌、灵芝、平菇、金针菇等。

(2)土生食用菌。指生长在富含有机质的土壤中的食用菌,如口蘑、四孢蘑等。

(3)粪生食用菌。指以腐熟动物粪便为营养源的腐生食用菌,如双孢蘑菇、大肥菇等。

(4)草生食用菌。指以禾草的茎叶为生长基质的食用菌类,如草菇、大球盖菇等。

 哪些是木腐食用菌?

木腐食用菌是指生于枯木或活立木的死亡部分,分解吸收其养分,导致木材腐朽的食用菌。木腐食用菌较易培养,当前人工栽培食用菌中绝大多数,例如香菇、杏鲍菇、黑木耳、金耳、银耳、平菇、金针菇等都是木腐食用菌。

 哪些是草腐食用菌？

草腐食用菌是指生活在已死亡的农作物秸秆等草料上，分解吸收其养分以维持生存，从而导致秸秆等草料腐烂的食用菌，目前栽培草腐食用菌的种类较少，草菇是一个典型的代表。

 什么是食用菌的生活史？

食用菌的生活史，就是食用菌一生所经历的生活周期，即从孢子萌发、菌丝体生长到产生第二代孢子的整个发育过程。

 食用菌中伞菌类的典型生活史是怎样的？

食用菌中伞菌类的典型生活史由以下9个阶段组成：

(1)担孢子萌发，生活史开始。

(2)单核菌丝(初生菌丝)开始发育。

(3)两个亲和的单核菌丝细胞融合(质配)。

(4)形成异核的双核菌丝(次生菌丝)。多数食用菌的双核菌丝具有锁状联合现象。双核菌丝能够独立地、无限地繁殖，有些双核菌丝能产生粉孢子、厚垣孢子等无性孢子。

(5)在适宜的环境条件下，双核菌丝发育成结实性菌丝(三生菌丝)并组织化，产生子实体。

(6)子实体菌褶表面或菌管内壁双核菌丝的顶端细胞发育成担子，进入有性生殖阶段。

(7)来自两个亲本的一对交配型不同的单倍体细胞核在担子中融合(核配)，形成一个双倍体细胞核。

(8)双倍体细胞核立即进行成熟分裂，即减数分裂。

(9)担孢子弹射，待条件适宜时进入新的生活史。

 什么是菌丝体？

食用菌孢子(类似作物的种子)在适宜的环境条件下萌发形成细管状的丝状体，每根细丝叫菌丝。菌丝无色或有色，反复分枝组成菌丝群，统称菌丝体。菌丝分为初生菌丝、次生菌丝和三生菌丝。

(1)初生菌丝。孢子萌发的菌丝称为初生菌丝，初生菌丝不能正常形成子实体。

(2)次生菌丝。不同性别的初生菌丝配对后，进行质配发育成的双核菌丝称为次生菌丝,可以正常形成子实体。

(3)三生菌丝。由双核菌丝分化发育而成,组成子实体的部分。

11 菌丝体的作用是什么?

食用菌生产所使用的菌种,一般就是菇类的菌丝体,其主要功能是从培养基中分解、吸收、转运养分,以满足菌丝增殖和子实体生长发育的需要。在食用菌生产中,菌丝体充分生长是获得丰收的基础。

12 什么是子实体?

子实体是由组织化的次生菌丝形成的具产孢结构的特化器官,它是食用菌在繁殖阶段形成的、伸展到基质(木材、土壤等)外的部分。

13 典型的伞菌子实体由哪几部分组成?

典型的伞菌子实体一般由三部分组成,包括菌柄、菌盖和菌褶。菌柄是菌盖的支撑部分,下端与基质中的菌丝体相连,少数食药用菌如牛舌菌、侧耳等,当它们从树干的侧面长出时,往往无柄或菌柄不明显。菌盖又名菌帽,生长在菌柄上,是食用的主要部分,也是食药用菌的主要繁殖器官,由菌肉和表皮两部分组成。食用菌菌褶(有的为菌管如牛肝菌,有的为菌刺如猴头菇)位于菌盖的下方,是由菌盖内的菌肉菌丝向下生长而成。个别食用菌子实体还有菌环、菌托等。

14 食用菌生长发育分为哪两个阶段?

食用菌生长发育分为营养生长阶段(即菌丝生长期)和生殖生长阶段(出菇期)。

(1)营养生长阶段。一般来说,食用菌的生长是从孢子萌发开始的,用孢子进行繁殖是真菌的主要特点之一。在适宜的外界条件下,孢子吸足水分,孢子壁膨胀软化(氧气容易渗入),孢子萌发,形成初生菌丝。不同性别初生菌丝配对后进行质配,形成次生菌丝,即意味着营养生长的开始。

(2)生殖生长阶段。在培养基质内大量繁殖的菌丝,遇到光、低温等物理条件和搔菌之类的机械刺激,以及培养基的生物化学变化诱导,或者有适合出菇(耳)的环境条件时,菌丝即扭结成原基,进一步发育成菌蕾、分化发育成子实体,并产生孢子。从原基形成到孢子的产生,这个发育过程称为生殖生长阶段,也叫子实体时期。

15 食用菌是如何繁殖的?

在自然界,食用菌以孢子为繁殖体,以菌丝体或休眠体越冬。在环境适宜时,菌丝可以从周围基质中吸取营养,年复一年地产生子实体,并释放孢子,这种繁殖称为有性繁殖。

在条件不适时，菌丝死亡或产生无性孢子，或以休眠体度过不良环境，到条件适合时再恢复生长，这种繁殖称为无性繁殖。无性繁殖是食用菌繁殖的基本方式，即不经过两个细胞的结合，由母体直接繁衍产生后代的繁殖方式。就像高等植物插条繁殖一样，可以反复进行，并且产生后代的个体数量较多。在大多数食用菌中，无性繁殖可以通过产生无性孢子来完成生活史中的无性小循环；还可以从子实体上切取无性组织来进行培养繁殖，这种组织化的双核菌丝能可逆地回到营养生长，即所谓组织分离培养，用这种方法获得的菌种，有助于保持稳定的遗传性状，在食用菌生产上广泛应用，所以说无性繁殖是食用菌繁殖的基本方式。

16 食用菌生长需要哪些营养？

食用菌生长必需的营养物质主要有碳源、氮源、无机盐及生长因子等。

（1）碳源。碳源是食用菌最重要的营养物质。它不仅是食用菌合成菌体细胞必不可少的原料，也是其生命活动的能量来源。在食用菌栽培中，除葡萄糖、蔗糖外，碳源主要来自各种富含淀粉、纤维素、半纤维素的植物性原料及农副产品，如马铃薯、秸秆、禾草、木屑、甘蔗渣等。

（2）氮源。氮源是食用菌合成蛋白质和核酸的重要原料，食用菌不能直接利用氮气、蛋白质、氨基酸、尿素等。有机氮化物是食用菌良好的氮源，但蛋白质这类高分子氮化物须经蛋白酶分解为氨基酸后方可利用，食用菌也可利用氨、铵盐、硝酸盐等无机氮化物。一般说来，作为氮源，铵盐的效果常优于硝酸盐。

（3）无机盐。食用菌在生长发育过程中还需要一定的无机盐营养，其中，磷、钾、硫、钙、镁等元素需要量较多，称为大量元素，而铁、钴、锰、锌、硼等元素需要量甚微，称为微量元素。自来水及农副产品中均含有一定量的微量元素，通常不必另行添加。

（4）生长因子。食用菌在生长发育过程中，还需要维生素、核酸、生长激素等生长因子，虽需求量甚微，但如果缺少，会影响食用菌的生长发育，这类物质在栽培料中一般都含有或自身合成，不必另行添加。

17 温度对菌丝体生长和子实体发育有什么影响？

食用菌多为中温型菌类。它们的担孢子萌发及菌丝适宜生长温度一般为 15 ～ 25℃。食用菌孢子及菌丝体对高温反应不同，菌丝体（除草菇等少数耐高温菌类外）通常在 40℃就停止生长，甚至迅速死亡，而它们的担孢子在 40℃或更高的温度下，能保持一定时间不丧失生活力。食用菌菌丝生长阶段及子实体分化发育阶段所需温度不同，一般子实体分化发育适宜温度低于菌丝体生长适宜温度。

 食用菌的温型是如何划分的?

不同品种的食用菌原基分化所需的温度差异较大,根据食用菌原基分化对温度的要求,大致可分为 3 种类型。

(1)低温型。原基分化最适温度为 20℃ 以下,最高温度不超过 24℃。属于低温型的有香菇、金针菇、蘑菇、平菇、滑菇、猴头菇、羊肚菌等,这类食用菌大多数在秋末或春初分化。

(2)中温型。原基分化最适温度为 20 ～ 24℃,最高温度不超过 28℃,属于中温型的有黑木耳、银耳、大肥菇、榆黄蘑等,这类食用菌大多数在春秋两季分化。

(3)高温型。原基分化最适温度在 24℃ 以上,最高温度在 30℃ 左右。属于高温型的有草菇、凤尾菇、鲍鱼菇、灵芝等,这类食用菌大多数在盛夏或早秋分化。

同一种食用菌也可以划分为不同温型,如香菇、平菇等食用菌还可以分为高温型、中温型和低温型等不同温型,还可以细分为中高温型、中低温型、广温型等。

 水分和空气相对湿度对食用菌生长发育有什么影响?

水分是食用菌细胞的重要组成成分,营养物质的吸收、运输、代谢废物排泄也离不开水。因此,食用菌生长发育的各个阶段,都必须供给充足的水分。食用菌生长发育所需的水分绝大部分来自培养料。培养料中含有充足的水分,是菌丝体生长及子实体形成必不可少的因素。食用菌菌丝生长阶段,培养料的适宜含水率一般为 60% 左右。除培养料应有充足的水分外,还需要一定的空气湿度,适宜菌丝生长的空气相对湿度为 60%～80%,子实体形成时则需要更高的空气湿度,一般 80%～95% 较为适宜。当空气相对湿度低于 60% 时,平菇等食用菌的子实体停止生长,当空气相对湿度低于 45% 时,子实体不再分化,已分化的幼菇也会干枯死亡。

食用菌生长发育适宜的酸碱度(pH 值)范围是多少?

多数食用菌喜欢微酸性的环境,菌丝生长的 pH 值为 3 ～ 8,最适 pH 值为 5 ～ 6。大部分食用菌在 pH 值大于 7 时生长受阻,大于 8 时生长停止。由于培养料的 pH 值在灭菌后会降低,同时食用菌在新陈代谢过程中会产生有机酸使 pH 值进一步下降,因此,在配制培养料时,常将 pH 值调高。此外,为了使培养料的 pH 值维持在适宜的范围,常在培养料中添加一定的缓冲剂。常用的缓冲剂有磷酸二氢钾、磷酸氢二钾、硫酸钙(石膏粉)等,除能供给磷、钾等矿物质营养外,还能对 pH 值的变化起缓冲作用。培养料中加入石灰、碳酸钙,可对培养料中的酸起中和作用。

21 氧气和二氧化碳对食用菌生长发育有什么影响？

氧气和二氧化碳是影响食用菌生长发育的重要环境因子。绝大多数食用菌都是好氧性的，它们在生长发育过程中需要充足的氧气，当空气中的氧气含量不足，二氧化碳浓度过高时，会对食用菌菌丝的生长，特别是子实体的发育产生不良影响，会出现菌菇早开伞、菇柄长、菇体畸形、菇蕾枯萎等现象。为了防止菇房中的二氧化碳浓度过高，菇房应注意通风换气，不断补充新鲜空气，排出二氧化碳等有害气体。

22 光照在食用菌生长发育过程中有什么作用？

食用菌不含叶绿素，不能像绿色植物那样利用阳光进行光合作用，而是通过菌丝细胞分泌的各种胞外酶来分解和利用自然条件下或人工配制的营养物质。

(1)菌丝生长阶段。几乎所有食用菌菌丝都能在黑暗条件下正常生长，所以食用菌生产大多须蔽荫，一般菇房要求为"七阴三阳"的环境。由于日光中的紫外线还有杀菌作用，在阳光直射下，会造成食用菌菌丝生长不良。散射光可以促进某些食用菌胞壁色素的转化和沉积，如香菇菌丝在充足散射光的条件下易形成褐色菌膜。

(2)子实体生长发育阶段。光照与食用菌原基分化和子实体的形成关系密切。有些食用菌需要在散射光的条件下才能进行子实体分化或转色。适当的光照是子实体形成的必要条件，但不同种类食用菌对光照要求不同。光照还影响子实体色泽、菌柄长度和菌盖宽度的比例，如在弱光条件下平菇柄长、菌盖色浅、不伸展，灵芝色泽淡、无光泽。但在金针菇栽培上，则利用弱光培养柄长盖小的商品菇。光质对子实体形成的影响正好与菌丝相反，蓝光抑制菌丝生长，促进子实体分化，红光不能促进子实体形成，但促进菌丝生长。某些食用菌子实体还具有正向旋光性，如灵芝菌盖生长点具有向光性，人为改变光源就可能形成畸形。

二、食用菌菌种

23 食用菌的菌种与农作物种子在本质上有何区别？

食用菌的菌种指的是在适宜基质上发育良好并已充分蔓延、具有结实能力、可用作食用菌生产的种源菌丝体。它实际上是食用菌的营养生长体，并不是农作物传统意义上的生殖阶段的种子。

24 什么叫有性繁殖？在育种上有何作用？

有性繁殖是通过两个性别不同的细胞结合而形成新个体的一种繁殖方式，其后代具备双亲的遗传特性。有性繁殖造就了食用菌品种的多样性。

25 什么叫无性繁殖？在育种上有何作用？

无性繁殖是食用菌繁殖的基本方式，即不经过两性细胞的结合，就能产生新的个体。它的特点是能反复进行，产生个体多。

26 品种和菌株有何区别？

品种从生物学来说，是人们利用同一物种、不同个体间的差异，按照人类经济目的不断选择培育而成，能适应环境条件和栽培条件，在产量和品质上比较符合人类要求的，定为品种。菌株在微生物学中称为品系。菌株是单一菌体的后代，源于共同祖先，指同一种、同一品种、同一子实体分离出来的纯培养物。可用某些性状和其他品系有异之处加以区别。一个品种会出现许多不同性状的菌株。菌株之间有明显差异性，比如香菇这个品种，按出菇温度不同，可分为低温型、中温型、高温型等不同菌株。

27 菌种的营养生长是什么？

菌种的营养生长即菌丝培养阶段，俗称养菌和发菌，是菌丝体的生长过程。通过大量的营养生长，将基质转为自身养分，在体内积累后为生殖生长做准备。菌种培养时间若超过营养生长阶段或进入生殖生长阶段，均属于超过有效菌龄，老化菌

种对生产必然会产生影响。

菌种的类型有哪几种？各有什么特征？

根据培养基制成后的物理性状可将菌种分为固体菌种和液体菌种(图1)。固体培养基又分为两种：一种是在液体培养基中加入凝固剂(琼脂、明胶、硅酸钠等)，即成固体培养基，多用于制作母种；另一种是利用富含木质素、纤维素的木屑、农作物秸秆、棉籽壳等为主料，加入适量辅助营养料配制而成的固体培养基，多用于制作原种和栽培种。液体菌种的培养基呈液体状态，多用于生理、生物化学的研究，现在在食用菌生产中得到较广泛的应用。

图 1　液体菌种

菌种一般分为几级？

根据菌种的来源、繁殖的代数及生产目的，通常将菌种分为母种、原种和栽培种三级。也可相应地分别称为一级种、二级种和三级种，也有人将栽培种(三级种)称为生产种。

菌种生长发育需要哪些营养元素？

菌种生长发育需要碳源、氮源、矿物质和微量元素等几大类营养物质，并且要求这些养分有适宜的浓度和一定比例关系。

菌种对环境条件的要求包含哪些方面？

菌种对环境条件的要求包括培养基的成分、性质(如碳氮比、通气性、水分含量、pH值等)、培养温度、空气湿度、氧气和光照等。

32 引种的常见问题有哪些？

引种对于菌种生产和栽培都很重要。引种中要特别注意的有以下几点：

（1）引进和使用正宗品种。

（2）了解品种。对欲引进品种应了解的生物学和生产特性主要包括：①子实体品质；②适宜的培养料配方；③发菌和出菇温度；④抗逆性和抗杂性；⑤对环境条件的特殊要求；⑥耐贮运特性；⑦其他生产特性。

（3）先试种再扩大。

（4）品种配套。

33 菌种厂的选址原则是怎样的？

（1）自然环境卫生。要远离禽畜场、垃圾场、沤肥场等一切不卫生的场所，以避免杂菌和害虫的侵袭。

（2）避开人事活动多和一切产生粉尘的场所。

（3）地势高，通风良好。

（4）避开化工废气污染的风头。

（5）与菇场分离。菌种厂与菇场在同一场地不利于提高空气环境的洁净度，不利于杂菌的预防。

34 如何科学、合理布置菌种厂？

菌种厂的厂房应根据菌种生产工艺流程合理布局，将原料贮存库、配料室与冷却室、接种室和培养室隔离，降低污染率，提高生产效率。

（1）原辅料仓库要求干燥、通风良好，并要保持环境卫生。

（2）原料处理场地地面必须坚实平整，最好铺设水泥地面。

（3）准备洗涤消毒室，用以消毒洗涤待用与已用玻璃器皿、培养基及工作服。洗涤消毒室应设有 1～2 个洗涤池，洗涤池上下水网要畅通；洗衣机、器皿柜或试验台，以放置洗涤好的器皿；高压灭菌锅，其所用电源应满足用电负荷；室内安有通风装置（通风柜）或换气扇。

（4）配料间要与灭菌间相邻。

（5）灭菌锅的进口在灭菌间，而出口要设在冷却室（二室的分隔正处于锅体中间）。

（6）冷却室要与灭菌室和接种室相毗邻。

（7）接种室要与冷却室和培养室相毗邻。

（8）培养室要求干净、避光、可通风换气，最好有温控设施。

（9）贮存室，是菌种成品贮存的场所，应远离原料库及其他污染源。

菌种厂生态环境安全有什么具体要求？

菌种厂优良洁净的生产环境，一是靠选场科学适宜，二是靠日常科学的工作和管理。

（1）选址科学适宜。地势高，远离不洁和产生粉尘之地，是创造优良洁净环境的前提。

（2）妥善处理污染物。

（3）规范生产操作。

（4）使用适宜的设施和用具。

（5）建立环境微生物监测制度。

（6）坚持对冷却室和接种室的维护。

 常用的无公害消毒剂有哪些？

常用的无公害消毒剂有酒精、来苏儿、高锰酸钾、过氧乙酸、新洁尔灭、美帕曲星等。

 怎样利用紫外线杀菌？

将 30 瓦紫外线灯吊装于接种室操作台面上方 1 米处，接种前开灯 30 分钟即可。紫外线的杀菌作用距离以 1.2 米以内最好。白天使用紫外灯时，最好使用黑色窗帘遮光，以确保紫外线的杀菌效果。紫外线灯关闭后，也不要马上开启日光灯，要关灯 5～10 分钟以后再开启日光灯，这样可增强杀菌效果。

 菌种厂的无菌设施有哪些？

菌种厂的无菌设施主要是无菌室、接种箱和超净工作台等。无菌室一般分为内外两间，外间为缓冲室，内间是核心操作室，均有消毒设施。接种箱和超净工作台主要用于菌种分离和接种，满足无菌操作要求。

 超净工作台的优点有哪些？

现代化菌种生产厂家都离不开超净工作台，其先进性和可靠性表现在空气洁净度高、环境无菌效果好、成功率高，可持续作业、提高效率。超净工作台的优点是接种数量不受空间限制，操作方便简单，有利于改善工人的工作条件，接种效率高。

 为了延长超净工作台的使用寿命，操作时应该注意哪些问题？

放置超净工作台的环境应保持清洁卫生，空气相对湿度在 60% 以下，有稳定电源，出风口应无阻碍。在操作前工具要灭菌，使用一段时间后要更换过滤器，以保证无菌效果。

 菌种培养室应该具备什么样的条件？

培养室是培养菌种的场所，要求干燥、清洁、避光、隔热性好，安装自动控温装置、空气调节器、排气设备及移动式照明灯，易于保温、控湿、通风换气和检查菌种。培养室内有多层的培养架，架宽50～60厘米，上、下层之间距离40厘米，两架间走道宽60～80厘米。

 菌种保藏需要哪些设备？

菌种保藏需要微生物学工作有关的全部设施和条件，如接种室、培养室、灭菌器等。同时，还需要菌种检测鉴定的仪器设备，如离心机、电泳仪、分光光度计、显微镜等。保藏菌种专用的菌库及菌种处理设备和仪器，如低温冷库、油管库和液氮罐，同时还需要与之配套的附属设施和仪器，如低温冰箱、液氮降温仪、液氮发生机、微型罐、恒温水浴、封口机等。

 固体菌种培养基的类型有哪些？

固体菌种按使用基质原料主料的不同，分为木屑菌种培养基、枝条菌种培养基、颗粒菌种培养基、粪草菌种培养基和草料菌种培养基等。

44 液体菌种有哪些优势？

液体菌种主要优点是需要劳动力和厂房少，产品均匀，易于控制且生产效率高。同时，液体菌种具有生产周期短、菌丝发育点多、接种后菌丝蔓延迅速、菌龄整齐等优点，

图2　液体菌种发酵罐

在一定条件下用于菇床、菌种瓶及栽培袋接种可以明显缩短生产周期。液体菌种发酵罐见图2。

45 液体菌种培养基的配方有哪些？

液体菌种培养基的通用配方如下：

（1）去皮马铃薯 200 克煮汁，葡萄糖 20 克，磷酸二氢钾 1 克，硫酸镁 0.5 克，玉米粉 10 克，用水定容至 1 000 毫升，pH 值自然。适用多种菇类培养。

（2）豆饼粉 20 克，玉米粉 10 克，葡萄糖 30 克，酵母粉 5 克，磷酸二氢钾 1 克，硫酸镁 0.5 克，水 1 000 毫升，pH 值自然。适用于多种菇类培养。

46 液体菌种发酵的关键技术有哪些？

液体菌种深层发酵关键点在于：

（1）灭菌。包括罐体、所有与罐体连通的管道、阀门和培养基的彻底灭菌。

（2）接种。小型发酵罐的接种一般是用火焰圈接种，大型发酵罐应用专门的设备接种才能确保接种的污染率为零。

（3）搅拌速度和搅拌浆叶的选择。食用菌多数是丝状菌丝，宜选择剪切力强的搅拌器，搅拌有利于破碎菌丝体，增加培养液中氧的溶解速率，有利于菌丝生长。一般转速为 150 ～ 280 转 / 分。

47 液体菌种怎样进行检验？

（1）纯度检查。①感观检查：培养好的液体菌种具有蘑菇菌丝特有的香味，发酵液透明澄清，感染杂菌的发酵液则散发出酸、甜、霉、臭等各种异味且浑浊不透明。②显微镜观察：在发酵过程中定时取样，用接种环取 2 ～ 3 环发酵液涂片，制成临时玻片，显微镜观察是否有杂菌污染。③划线培养检查：一般是将样品直接在培养基上划线培养，亦可先经肉汤培养基增殖之后再进行划线培养，观察是否有杂菌污染。④肉汤培养检查：取发酵液 1 环接种于酚红肉汤试管中，置 28 ～ 30℃ 培养，如溶液由红变黄，表明发酵液中染有细菌；如溶液红色不变，则无细菌生长。

（2）菌丝生长状态检查。①菌丝量：经 3 000 转 / 分离心 10 分钟，倾去上清液后称量菌丝鲜重，或将湿菌丝在烘箱中（105℃）烘至恒重后称量菌丝干重。②活力检查：镜检菌丝球边缘菌丝分支细胞，用结晶紫染色时着色深，菌丝细胞原生质尚未出现凝集和空胞，则活力强，菌丝的悬浮力好，放置 5 分钟后不沉淀，表明菌种生长力强，反之，如果菌丝极易沉淀，说明菌丝已老化或死亡。③菌丝球大小：要求 80% 菌丝球直径小于 1 毫米。

48 液体菌种的接种要注意些什么问题？

菌种的扩大培养主要是提供足够的、活力强的纯种子。发酵类型、菌种特性、发酵对种量的要求及发酵罐规模决定种子扩大培养的级数。一般接种量为 10%～20%（体积比）。食（药）用菌的菌种一般呈丝状、颗粒状或块状，接种后生长速度慢，如果不是具有带搅拌桨叶的发酵罐，菌丝体往往比较大，容易将接种枪眼堵住，所以在接种前须将菌种先均质化处理，制成均匀的浆状菌种，可以提高培养效率，缩短发酵周期。

 49 母种通用培养基配方有哪些？

常用母种通用培养基配方如下：

（1）马铃薯葡萄糖琼脂培养基（PDA）。马铃薯（去皮）200 克，葡萄糖 20 克，琼脂 20 克，水 1 000 毫升，pH 值自然。

（2）综合马铃薯葡萄糖琼脂培养基（CPDA）。马铃薯（去皮）200 克，葡萄糖 20 克，磷酸二氢钾 2 克，硫酸镁 0.5 克，琼脂 20 克，水 1 000 毫升，pH 值自然。

（3）马铃薯麦麸综合培养基。马铃薯（去皮）200 克，麦麸 100 克，葡萄糖 20 克，磷酸二氢钾 2 克，硫酸镁 0.5 克，琼脂 20 克，水 1 000 毫升，pH 值自然。

（4）马铃薯蛋白胨综合培养基。马铃薯（去皮）200 克，葡萄糖 20 克，蛋白胨 2～4 克，磷酸二氢钾 2 克，硫酸镁 0.5 克，琼脂 20 克，水 1 000 毫升，pH 值自然。

（5）马铃薯酵母粉综合培养基。马铃薯（去皮）200 克，葡萄糖 20 克，酵母粉 4～6 克，磷酸二氢钾 2 克，硫酸镁 0.5 克，琼脂 20 克，水 1 000 毫升，pH 值自然。

 50 用作组织分离的子实体应该具备什么样的条件？

用作组织分离的子实体一般在出菇较早且整齐、外观较理想、无病虫害、产量高的栽培袋或菇床上，选择个体肥大、菌盖肉厚、开伞四至六分的幼嫩子实体。

51 菌种分离常用的方法有哪几种？

菌种分离常用的方法有孢子分离法、组织分离法和基内菌丝分离法 3 种。组织分离法又包括子实体分离法、菌核分离法和菌索分离法。基内菌丝分离法又包括菇木（或耳木）分离法和栽培基质分离法。

 52 孢子采集有哪几种方法？

孢子采集方法有两种：

（1）孢子采集器收集。首先安装经过灭菌的孢子采集器，然后将已消毒处理的种菇菌盖插在孢子采集器的三角支架上，盖上钟罩，将 0.1%升汞溶液倒在瓷盘的纱布上，使之既能增加罩内湿度，又能防止杂菌感染。最后用无菌纱布包好整个孢子采集器，放入 20～25℃恒温箱中。数小时至 1 天后，孢子就会从菇盖上弹射到培养皿内。

（2）钩悬法。此法多用于收集银耳、黑木耳及毛木耳等孢子。在无菌条件下，取一小块经处理的耳片挂在钩上（如果收集黑木耳和毛木耳的孢子，耳片挂钩腹面朝下），钩的另一端挂在三角瓶口上，耳片距三角瓶底部 2～3 厘米，在 25℃下培养 24 小时后，即可在三角瓶底部见到孢子。

 什么叫多孢分离？怎样进行操作？

多孢分离是将多个孢子接种在同一培养基上，使其萌发，随机自由交配，从而获得纯菌种的方法，包括斜面划线法和涂布分离法。

（1）斜面划线法。在无菌条件下，用接种环蘸取少量的孢子，在斜面培养上自下而上轻轻划线，避免划破培养基表面；接种完毕，灼烧试管口，塞上棉塞，25℃恒温培养；待孢子萌发出菌丝，并自由配对结合后，挑选长势旺的菌落，转接于新的试管斜面上继续培养，即可得到纯菌种。

（2）涂布分离法。按照无菌操作要求，用接种环蘸取少量的孢子，放入装有无菌水的三角瓶中，充分摇匀，制成孢子悬浮液；用吸管吸取孢子悬浮液，滴 1～2 滴于斜面或平板培养基上，转动试管或培养皿使悬浮液均匀分布于培养基表面，或用接种环将培养基上的悬浮液涂布均匀。25℃恒温培养，挑选长势健壮、生长较快的菌落，移接于斜面培养基上培养，即可得到纯菌种。

 什么叫单孢分离？怎样进行操作？

单孢分离是在采集到大量孢子的基础上，经过稀释，使孢子之间互相分开，各个孢子单独萌发出菌丝。单孢分离方法包括玻片稀释分离法和平板稀释分离法。

（1）玻片稀释分离法。在孢子悬液中加入适量的无菌水，逐步稀释到每一小滴悬液中大致只有 1 个孢子。将孢子悬液滴在已灭菌的载玻片上，在显微镜下仔细观察，将只有 1 个孢子的小滴悬液移植到适当的培养基上，待其萌发成单核菌丝，再转移至其他斜面或平板培养基上继续扩大培养。

（2）平板稀释分离法。用接种针挑取孢子 1～2 环，移入装有 10 毫升无菌水和数十粒玻璃珠的三角瓶中。充分摇匀后，取 1 毫升孢子悬浮液移至 9 毫升无菌水的试管中，即得浓度为 1% 孢子稀释液。如此重复稀释，分别获得浓度 0.1%、0.01% 和 0.001% 的孢子稀释液。从 3 种浓度的稀释液中各取 50 微升孢子液，分别移至平板培养基上，涂抹均匀，适温下培养，定时用解剖镜检查平板上的菌落，将单孢子萌发的菌落移至其他平板或斜面培养基上培养。

伞菌类的组织分离如何进行操作?

首先挑选发育正常、菇蕾长出不久、边缘尚内卷、菇柄短壮、菇盖肥厚、无病虫害的种菇作分离材料。分离时,将采好的种菇用清水洗净表面,放入无菌室(箱)内,用 0.2% 的升汞或 75% 的酒精浸泡 5 分钟,取出用无菌水冲洗 1～2 次,用无菌纱布吸干水渍,放入清洁的培养皿内,用消毒过的小刀把菇蕾纵剖为二,在菇盖与菇柄相接处的部分切取绿豆大小菌肉,移接在斜面培养基中央。试管接种后放入 25～27℃ 恒温下培养 2～3 天,组织块上就长出白色的菌丝,15 天后,菌丝就可以长满培养基斜面,再移接到新的培养基上培育成母种。

胶质菌类的组织分离如何进行操作?

胶质菌类的菌肉薄,分离时先将子实体用无菌水反复冲洗后,撕开子实体,或用刀片将两层耳片切开,在不孕面一侧挑取一小块菌肉组织,也可从尚未展开的耳芽顶端挑取一小块组织,接种在试管斜面培养基上,于恒温下培养,即可得到纯培养的菌丝。

菌核类的组织分离如何进行操作?

分离时,先将菌核表面洗净,再用 75% 的酒精进行表面消毒。接着用无菌刀将菌核切开,挖取中间组织块,接种在试管斜面培养基上,于恒温下培养,即可得到纯培养的菌丝。

菌索类的组织分离如何进行操作?

用 75% 的酒精将菌索表面消毒 2～3 次,在无菌条件下去掉黑色外皮层(菌鞘),露出白色菌髓部分,用无菌剪刀剪一小段,移植到培养基上,在 25℃ 下培养,即可得到新生菌丝。由于菌索比较细小,分离时易污染,可在培养基高压灭菌后加入广谱抗生素(每毫升培养基加链霉素或青霉素 50～100 单位),抑制细菌生长。

菌蕾类的组织分离如何进行操作?

菌蕾是菇类即将分化成子实体的组织,具有很强的再生能力和保持种性的特征。分离时选择颗粒肥大、结实、未破裂的菌蕾在无菌条件下纵切对开,将露出剖面的组织用刀切成 0.3 厘米×0.5 厘米的矩形方块,用接种铲或针挑取后接入 PDA 斜面培养基上培养。

不同菇类的组织分离时的切块方法是否有区别?

不同的菇类组织分离时根据各类特点采取不同的方法。

（1）剪取法。对个大、肉厚的菇体,如香菇、双孢蘑菇、白灵菇、杏鲍菇、草菇、猴头菌等,剪去菌柄和菌盖边缘的大部后,放入接种箱内,用尖锐的小解剖刀切取菌盖中心层的菌肉组织,迅速接入培养基上培养。

（2）镊取法。适用于金针菇、真姬菇、秀珍菇、茶树菇等个小、肉薄菇体的分离。

（3）刮取法。适用于毛木耳、黑木耳、银耳等胶质菌的分离。

（4）挑取法。适用于利用菌索和菌丝团进行组织分离的蜜环菌、安络小皮伞等。

 基内分离法怎样进行操作?

（1）菇木（或耳木）分离法。菇木的采集,必须在食用菌繁殖盛期,在已经长过子实体的菇木上,选择菌丝生长旺盛、周围无杂菌的部分截取一小段,清洗干净,充分晾干。分离时,从消毒过的菇木菌丝蔓延生长部位,用无菌解剖刀挑取一小块菇木组织,接入 PDA 培养基上,挑取的组织块越小越好,可减少杂菌污染,提高分离成功率。挑取菌落边缘菌丝,接种到新的培养基上,获得纯培养的菌丝。

（2）代料基质分离法。选择子实体发生早、产量高、无病虫害的栽培瓶或栽培袋,待子实体长至八分熟时,从中筛选出最佳的一瓶（或袋）,去掉子实体,用75%的酒精消毒,同时将接种工具和待接培养料一起放入接种箱内,用甲醛熏蒸消毒。分离时,去掉料面老菌丝,用接种针挑取小块长有菌丝的培养料,接入试管内,适宜温度下培养。选取菌丝生长良好的试管转管纯化。

 土壤内菌丝采用什么方法分离?

土壤内分离菌丝,有其特殊情况和不同要求,具体如下:

（1）特定条件。在食用菌资源调查或选用某些野生菌类进行驯化时,以及目前还未能采取子实体孢子分离和组织分离的特殊共生菌的菇类,在人工驯化时,常在长过菇的地面,挖取菌丝体进行分离培养。

（2）挖取清洗。分离时,挖取粗壮、新鲜的菌丝束,流水洗净,在无菌条件下,用无菌水反复冲洗,并用无菌纱布吸干。

（3）先端接种。经清洗吸干的菌丝束,取其先端的一小段,移接入 PDA 斜面上,置于25℃条件下培养。

（4）转管提纯。接种后,当见到菌丝生长后,立即挑取先端菌丝转管培养。为防止细菌污染,在培养基中可加入一些抑制细菌生长的药物。

（5）测试认定。经上述方法获得的纯菌丝,必须通过各种性能测定和出菇试验,选出最佳菌株作为母种。

63 银耳纯白菌丝与银耳香灰菌丝如何进行单独分离?

(1)银耳纯白菌丝的分离。①基内菌丝分离法:在耳基下方用接种针挑取有白色菌丝的白色培养料颗粒,移入无冷凝水的斜面培养基上,置于 22～24℃下培养 10 余天。如果出现绒毛状的白毛团,即为银耳纯菌丝,这种方法每次必须分离 100 支试管以上,然后从中挑选出单独生长银耳菌丝的试管,再提纯。②孢子分离法:用三角瓶收集银耳孢子。用接种针将孢子接种于 PDA 培养基上,银耳孢子以芽孢的形态反复增殖。再用接种针将芽孢移植于选择性培养基的试管斜面上,放入 22～25℃恒温箱中,培养 10～14 天,在芽孢菌落边缘出现纤细的银耳菌丝。再继续培养 1 周后,用接种针移植菌丝扩大培养。在挑取菌丝时要连同培养基轻轻挑取,不能将芽孢菌带入,也不能使菌丝机械损伤太多,这样就可得到银耳纯菌丝种。

(2)银耳香灰菌丝的分离。在离耳基较远的部位用接种针挑取绿豆大小、分泌黑色素并有明显菌丝的培养料,移入 PSA 培养基斜面上,置于 25℃恒温箱中培养。3 天后出现白色、粗壮、呈羽毛状菌丝。1 周后即可长满试管。菌丝爬壁力强,分泌色素,使培养基变成黑褐色,此即为香灰菌丝,可转管纯化。

64 银耳两种菌丝分离后如何进行交合?

首先将银耳纯白菌丝和银耳香灰菌丝分别培养,然后在长有黄豆大小的银耳纯白菌丝菌落(白毛团)下端的斜面上接入绿豆大小的一块银耳香灰菌丝块,置于 25℃恒温箱中培养。长出洁白蓬松的白毛团,并分泌黄色水珠的,即为混合菌种。采用这种分离方法每次必须分离制成的试管斜面应在 100 支以上,然后在其中选择典型的混合菌种用于扩大培养。

65 各种分离方法得到的菌丝如何进行提纯?

无论是孢子分离或是组织分离及基内分离,其所获得的分离物即是菌丝。这些菌丝在分离过程中有可能混入杂菌,提纯的目的是使所获得的分离物达到高纯度。

(1)鉴别纯化。将所分离培养出的纯菌丝,再次通过镜检鉴别、判断,认定该菌丝完全符合种性特征后,在无菌箱内用接种针提取菌丝前端部位,接入新的 PDA 培养基上,待适温培养菌丝向四周蔓延整齐,长势有力,则达到高纯度。

(2)污染种纯化。①切割提纯。②连续转管。③限制培养。④双塞排污法。⑤覆盖培养。⑥破碎菌丝。

66 菌种选育的目的是什么?

菌种选育的目的是以食用菌在自然界中的变异为基础,有意识地控制和积累有益的突变,淘汰不符合要求的变异,经过不断选优淘劣,培育出新的优良品种。

 自然选育怎样操作?

(1)收集种源。可以向国内外科研和生产单位引进所需品种,也可以野外采集。

(2)纯菌种分离。采集到菇耳子实体或基质后,要立即进行分离,根据具体情况可做组织分离、基内分离或孢子分离。

(3)性能测定。对分离得到的菌株进行生理生化性能测定,以淘汰重复菌株。①拮抗试验。②同工酶测验。③生长速度测定。

经上述生理、生化性能测定合格者,进行出菇试验,扩大试验后,再做示范推广。

 杂交育种怎样操作?

食用菌的杂交是指不同种或种内不同株菌系之间的交配。进行杂交育种首先必须进行单孢子分离,育出单核菌丝,再从不同品系育出的单核菌丝体之间进行配对杂交。具体操作方法如下:

(1)亲本选择。杂交亲本应选菌盖厚、未开伞、色泽好、早生、抗逆性强、高产的子实体。这样的杂交亲本,其优良性状可以互补。

(2)担孢子分离。

(3)单株获得。

(4)配对杂交。

(5)接种培养。

 什么叫物理诱变育种? 怎样操作?

利用物理因素处理食用菌的孢子群体,促使其中少数孢子的核酸分子发生变化,从而引起个体孢子的遗传性状改变,然后从中筛选出少数优良变异株系的方法,称为物理诱变育种。属物理因素的有紫外线、X射线、γ射线、快中子、超声波、激光等。紫外线诱变操作步骤为:制备孢子悬浮液→摇荡分散孢子→入皿上盖遮光→控制紫外线射程→稀释平板培养。

 什么叫化学诱变育种? 怎样操作?

化学诱变是通过诱变剂进行诱变,常用诱变剂有亚硝酸、甲基磺酸乙酯、亚硝基胍、氯化锂等。化学诱变步骤如下:

(1)制备菌悬液。

(2)配制诱变剂。

(3)诱变方法。将一定浓度的诱变剂与菌悬液混合,按所需时间进行诱变处理;然后将菌悬液用离心机立即离心,去除诱变剂后,用缓冲液洗涤 3 次;洗涤后的悬浮液,重新用 5 毫升缓冲液悬浮;当稀释到一定浓度后,用吸管吸取菌悬液在每只加有 PDA 培养基的平皿上滴 0.1 毫升,并用玻璃刮子涂平。

(4)适温培养。

71 原生质体融合育种怎样操作?

原生质体融合是两种不同的体细胞和性细胞,在助溶剂和高渗压溶液中脱离各自的细胞壁,并使原生质体融合在一起,再生细胞壁,组成一种新细胞。原生质体融合育种操作方法如下:

(1)材料选择。食用菌以菌丝体作为原生质体比较理想。

(2)原生质体获取。菌丝体培养、酶解、洗涤离心。

(3)原生质体培养。

(4)原生质体融合。

(5)融合子的检出。

72 什么叫基因工程育种? 操作技术包括哪几个步骤?

基因工程育种是指通过人工把所需要的某一供体生物的遗传物质——脱氧核糖核酸(DNA)大分子提取出来。在离体条件下切割后,把它同作为载体的脱氧核糖核酸分子连接起来,然后导入某一受体细胞中,以让外来的遗传物质在其中落户,进行正常的复制和表达,从而获得符合人们预先设计要求的新物种。操作步骤:准备材料→体外重组→载体传递→复制和表达→筛选及繁殖。

73 选育的新菌株应该怎样筛选?

菌种筛选是育种中选优去劣的一个过程。通过各种育种方法获得的原始材料,数量大,优良遗传性状不稳定,必须将其制成母种,然后分别接种于原种瓶中进行试验,反复比较筛选。具体分为初筛和复筛。初筛不长出子实体的供试菌株,则可认为是无效菌株,应予以筛除。复筛是在初筛的基础上,进行生产性能的全面考察,要按常规方法栽培,并进行较长时间的选优,方能选出高产、抗逆性强的优质菌株。

74 好的菌株怎样培养和检查鉴定?

通过各种方式选育获得优良母种后,必须通过培养检查、逐项认定、淘汰不合格菌株,最终获一个优良菌株。具体方法如下:

(1)培养管理。将接种后的试管置于恒温培养箱或培养室内,调节合适的温度、湿度、光照进行菌丝培养。

(2)认真检查。培养期间每天都要进行检查,发现不良个体,及时剔除。

(3)逐项认定。菌丝生长整齐,长速正常,形态特征,菌落边缘。

(4)淘汰处理。经过检测认定的不合格或有怀疑病状的母种,应及时淘汰处理。

75 出菇试验主要观察哪些表现?

(1)菌丝长速。即菌丝日生长速度、布满全瓶的时间。

(2)种性特征。即观察菌丝体长满培养料后的特征,包括抗杂菌污染能力、现蕾期、首潮菇采收期、有无畸形菇。

(3)适宜环境。测定菌丝生长和子实体形成与发育的最适温度、湿度、光照等。

(4)出菇时间。在适宜的生态环境下,原基分化子实体形成的时间、长菇潮次、间隔时间。

(5)菇体形态。观察子实体形象,包括菇蕾色泽、菌盖形态、颜色、大小、厚度、质地、有无鳞片,菌柄着生位置、粗细、长短,菌裙色泽、香味浓淡等。

(6)生物效率。根据各潮产菇数量、品质的记录,最后进行累计总产量,计算生物效率。

76 野生菌种种源如何采集? 怎样进行登记?

(1)采集方法。通过深入山地、林地考察,发现可用的菇种时,首先用照相机将该菇形态和产地环境拍照下来;仔细观察其生境,采集其子实体连同菌柄、菌丝体及基质土壤,有条件还需携手提式显微镜及海拔仪等。

(2)登记。被采的种源做好记录,包括采集地点、采集季节、所处海拔高度、特定植被类型,不同地貌和土壤性质等,并对种菇进行详细登记入表。

77 菌种接种后不萌发的原因有哪些?

菌种接种后不萌发的原因一般有以下几点:

(1)培养温度不适。

(2)含水率过低。

(3)原料霉变。

(4)基质中潜存细菌。

(5)菌种老化。

78 为什么有的菌种生长发育不良? 怎么解决?

造成发菌不良的主要原因有以下几种:

(1)酸碱不适。

(2)原料不纯。

(3)细菌残留。

(4)装料过紧。

(5)水分不当。

(6)环境欠佳。

控制措施有以下几种:

(1)种源保证。

(2)设施规范。

(3)产中控制。

(4)严格检查。

(5)环境优化。

(6)管理到位。

79 菌种退化有哪些表现？是什么原因引起的？

菌种退化的主要表现是理想的优良性状逐渐丧失,继而出现菌丝生长势弱、代谢能力下降、产量降低、易受病虫害感染等。

菌种退化的主要原因是交叉感染、自体杂交、基因突变、培养条件不适等,病毒感染也会引起菌种退化。菌种退化除了与其自身的遗传特性和所处的环境密切相关外,还受转管次数、机械创伤等外界因素影响。

80 怎样防止和避免菌种退化？

(1)控制母种转管次数。菌种在转接操作中菌丝受机械创伤等影响,会使菌种产生突变,而多数突变对菌种是不利的,因此要尽量减少转管次数。实践证明,生产上用的菌种转接控制在5代范围内较为合适。

(2)防止菌种混杂。在菌种转接、出菇管理等过程中,加强品种隔离管理,减少品种间相互混杂的机会,防止不同品种的孢子四处传播,以保持优良品种的遗传特性相对稳定。

(3)经常改变培养基配方。增强菌种对不同培养基质的适应能力,有利于防止菌种退化。

(4)采取适宜的方法保藏菌种。根据不同需求选取不同保藏方法,减少保藏菌种转接次数,尽量避免菌种在保藏期间出现衰退。

(5)尽量为菌种生产创造良好条件。创造适宜的营养条件和环境条件,促进菌丝健壮生长,减缓菌种衰退速度。

（6）防止病毒感染。应及时淘汰可能感染病毒的菌株，尤其是淘汰病毒含量高、菌丝体及子实体性状已受到严重影响的菌株。

81 菌种老化和退化有什么区别？

老化和退化是两个截然不同的概念。菌种培育过程随着菌龄的增加，养分不断消耗，菌种必然出现老化现象。菌丝老化后，其生命力衰退，色素分泌增加，细胞中空泡增多甚至破裂。老化的菌种接入培养料后，表现为菌丝生长慢，抵抗杂菌能力弱，出菇延迟。老化现象不会传给子代，这是与退化的最大区别。

82 菌种复壮的方法有哪些？

常用的菌种复壮方法有：

（1）系统选育。生产中选择具本品种典型性状的细嫩子实体进行组织分离，重新获得生长旺盛、活力强的双核菌丝。定期通过有性孢子分离和筛选，从中优选出具有该品种典型性状的新菌株，逐渐替代原始菌株，可不断地使该品种得到恢复。

（2）适当更换培养基。在菌种保藏传代中，经常改变培养基成分，或在原有的培养基中添加酵母膏、麦芽汁、氨基酸类物质和维生素等，以刺激菌丝生长，提高菌种活力。

（3）菌丝尖端分离。挑取健壮菌丝体顶端部分，进行纯化培养，以保持菌种的纯度，使菌种恢复原来的生活力和优良种性，达到复壮的目的。

83 菌种生理性病害有些什么表现？怎样避免和防止？

一般菌类的菌种生理性病害较少，银耳菌种十分敏感。生理病状表现如下：①菌丝不吃料。②退菌"死灰"。③菌丝难以结团。④幼耳停止发育。⑤畸形变异。⑥耳蒂黑斑。

控制病害措施：①加强菌种选育。②开拓分离新路。③变换基质营养。④严把制种工艺。⑤改造生态环境。

84 菌种病毒有什么影响？如何脱毒？

食用菌病毒属于真菌病毒，形态多为球形，也有细菌状和短杆状等。病毒有良性和恶性之分，良性病毒对菌种没有影响，菌种带恶性病毒接种后，菌丝生长缓慢且很稀疏，菌落边缘不整齐，菌丝分解基质能力下降，导致长速减慢和退化，子实体分布不均匀，也有不出菇现象。

菌种脱毒常采用的是"尖端"脱毒理论，其基本依据是随着生物体细胞的不断分裂，生物体自身才能不断生长，其末梢组织与生物体自身携带的病菌、病毒之间的距离较大,因此适时地进行分离操作,便可达到脱去病毒的目的。常用方法:①四循环微控脱毒。②原基组织脱毒技术。③二次置换无菌脱毒技术。

85 优良菌种外观共性标准有哪些?

优良菌种外观应具备"纯、正、润、香"的共性。纯度:菌丝纯度高,绝对不能有杂菌污染,无病虫害。色泽:菌丝颜色,除银耳混合种为黑色、羊肚菌菌种有黄色或棕色菌核外,大多数菇类菌种的菌丝应是纯白、有光泽,分泌物因品种有别,一般有金黄色或红色、黄褐色的黏液。长势:菌丝吃料快,长势旺盛、粗壮,分枝多而密,气生菌丝清晰。有的品种爬壁力强,整体菌丝分布均匀,无间断、无斑块,无老化表现。基质:培养体要湿润,母种与试管紧贴不干缩,原种与栽培种菌丝与瓶(袋)壁无脱离,含水率适宜。香味:每个品种必须具备其本身特有的清香味,不允许有霉、氨、腐气味。

86 目前国内已发布实施的部分菌种质量标准有哪些?

(1)黑木耳菌种标准按 GB 19169—2003《黑木耳菌种》实施。

(2)香菇菌种标准按 GB 19170—2003《香菇菌种》实施。

(3)双孢蘑菇菌种标准按 GB 19171—2003《双孢蘑菇菌种》实施。

(4)平菇菌种标准按 GB 19172—2003《平菇菌种》实施。

(5)杏鲍菇和白灵菇菌种标准按 NY 862—2004《杏鲍菇和白灵菇菌种》实施。

87 菌种质检关键内容有哪几个方面?

(1)用统一的或标准的菌种名称和编号。

(2)经出菇试验验证,具有优良的品种特性。即高产、优质、抗逆性强、生命力旺盛;适应当地气候特点和市场要求。

(3)有标签,并注明名称、编号、种性介绍、生产厂家和生产日期。

(4)名称与内容相符。

(5)无侵染性杂菌污染,无虫、螨危害。

(6)栽培用菌种的转代次数不超过 8 代(提纯复壮后获得的原始一级种为第 1 代)。

(7)菌丝健壮。其标志是齐(菌丝前端生长整齐)、白(菌丝具有本品种应有的浓白、白或灰白色)、浓(菌丝浓密)、匀(菌丝生长均匀一致)。

(8)打开容器,有浓郁的菇香。

(9)容器用棉塞封口的,棉塞要干燥、不松动、无杂菌污染。

88 菌种检测理化指标有哪些?

菌种理化指标是通过各种检验分析方法,来判断菌株可能具有某种或某些优良性状。主要指标有 5 个方面:①呼吸强度。②多酚氧化酶。③木质素酶和虫漆酶。④纤维素酶和半纤维素酶。⑤同工酶。

89 菌种简易质检方法有哪些?

(1)宏观检查法。在生产实践中,广大菇农和专业工作人员总结出"纯、正、壮、润、香"的质量检查方法。这种应用感官识别菌种优劣,是经验的总结,能快速、有效地鉴定出菌种的优劣。

(2)显微镜检查。

(3)菌丝长速测定。

(4)菌丝生长量测定。

(5)耐高温测定。

(6)纯度和长势测定。

(7)出菇试验。

(8)抗霉性测定。

90 菌种保藏的目的是什么?

菌种保藏的目的是在特定的保藏条件下,使菌种生活力、纯度和优良性状得以稳定地保存下来;当条件适宜时,又可以重新恢复生长。

91 菌种保藏的原理是什么?

菌种保藏的原理是采用低温、干燥、饥饿、缺氧、避光等措施,抑制食用菌菌丝生长,使菌种生理代谢降至最低水平,处于休眠或半休眠状态,在一定时间内不发生变异,保持原来优良的生产性能,并保证菌种的纯度。

92 菌种保藏的方法有哪些?

菌种保藏的方法较多,包括低温保藏、菌丝无菌水或生理盐水保藏、担孢子滤纸保藏、谷物木屑菌种保藏、矿油保藏、冷冻干燥保藏和液氮超低温保藏等。

93 被污染的菌种采用什么方法纯化?

被污染的菌种根据污染类型和程度,采取以下方法,可获得一定效果:①切割提纯。②连续转管。③限制培养。④破碎培养。⑤木屑滤菌。

三、灭菌与消毒

94 **什么叫灭菌？**

灭菌是指采用适当的物理或化学方法使环境和物品中的一切微生物（包括芽孢）被杀灭或除去，永远丧失生长繁殖能力的措施。

95 **食用菌生产常用的灭菌方法有哪些？**

（1）干热灭菌。利用火焰、热空气杀死微生物（适于耐烧、耐烤物品），干热灭菌具有快速的优点，但使用范围较窄。①火焰灭菌法：将接种工具的接菌端、管口、瓶口放在酒精灯火焰 2／3 处烧至红热，冷却后使用。②干热灭菌法：适用于玻璃及金属器皿，如试管、培养皿、三角瓶、烧杯、吸管等。将待灭菌物放入干燥箱内，在 160～170℃的环境中保持恒温 2 小时，断电，待温度降到 70℃以下方可取物。注意干燥箱内不可装得太满；不适用带有橡胶的物品和培养基；升降温勿急；灭菌物品用纸包裹或带有棉塞时控制温度不超过 170℃。

（2）湿热灭菌。主要利用热蒸汽灭菌（适用于培养基）。热蒸汽灭菌范围广，灭菌温度比干热灭菌低，效果好，时间短，在

图 3　小型高压蒸汽灭菌锅

食用菌菌种生产中一般使用湿热灭菌。高温热蒸汽可使微生物蛋白质变性，湿热灭菌时热蒸汽穿透力强，可以迅速引起蛋白质变性，从而杀死微生物。湿热灭菌常用的方法有高压蒸汽灭菌法（图 3）、常压蒸汽灭菌法和常压间歇灭菌法。

（3）紫外线灭菌。主要工具是紫外线灯，杀菌原理有两种：一是短波辐射的直接作用，微生物细胞吸收一定量的紫外线后，使蛋白质和核酸结构发生变化而导致

死亡；二是辐射能使空气中的一部分氧原子电离成离子，再将另一部分氧原子氧化成臭氧，或将水分氧化成过氧化氢。离子氧、臭氧及过氧化氢均具有杀菌作用。不同微生物对不同波长紫外线敏感度不同，所以杀死不同微生物所需照射的紫外线时间也不同。紫外线穿透力很弱，普通玻璃、尘埃、水蒸气、纸张等均能阻挡紫外线，故一般常用于环境内部空气及物品的表面灭菌。

96 高压灭菌和常压灭菌有什么区别?

高压灭菌，即用高温加高压灭菌，不仅可杀死一般的细菌、真菌等微生物，对芽孢、孢子也有杀灭效果，是最可靠、应用最普遍的物理灭菌法。一般下排气式压力蒸汽灭菌器压力升至 103.4 千帕（1.05 千克 / 厘米²），温度达 121.3℃，维持 15 ～ 20 分钟，可达到灭菌目的。具体灭菌时间要根据不同的容量决定，一般在 0.5 ～ 5.0 小时。高压灭菌较常压灭菌时间短，灭菌更彻底（图 4）。

常压灭菌是通过常压下热蒸汽使蛋白质变性而杀灭微生物的方法。食用菌常用的是常压蒸汽灭菌法，湿热穿透力强，灭菌效果较干热好。常压下沸水和蒸汽的温度是 100℃，一般处理 30 ～ 60 分钟可杀死细菌繁殖体，但不能完全杀灭芽孢。大批量食用菌培养基进行灭菌时，一般维持 8 ～ 10 小时，甚至更长时间才能达到灭菌要求。灭菌时注意不要将灭菌物排得过密，以保证灭菌锅内的蒸汽流通，开始要求以旺火猛攻，使灭菌灶内的温度以最短的时间上升至 100℃，中途不能停火，经常补充热水以防蒸干。此法成本低、容量大，但灭菌时间长、能源消耗量大。

图 4　大型高压蒸汽灭菌柜

食用菌生产常用的消毒剂有哪些？

（1）气雾消毒剂。一种烟熏消毒剂。主要成分为二氯异氰尿酸钠、己二酸、高锰酸钾等，杀菌机制是在低燃下产生大量新生态氧和游离氯来杀灭微生物。把袋装的气雾消毒剂点燃，即可产生有杀菌作用的氯气雾，对食用菌危害极大的链孢霉、绿霉、青霉、黄曲霉、毛霉等杂菌有较强的杀灭作用。该产品使用安全方便、无明火、对人畜危害小，广泛适用于接种室（箱）和菇房的空间消毒。

（2）硫黄。黄色结晶或粉末状物质。易燃，燃烧时发出青色火焰，伴随产生的二氧化硫气体对杂菌有较强的杀伤力。若增加空气湿度，二氧化硫可与水结合成为亚硫酸，能显著增强杀菌效果。常用于接种室、培养室的杀菌，每立方米空间用量约 15 克。

（3）高锰酸钾。一种强氧化剂，0.1% 的高锰酸钾溶液就有杀菌作用。通过氧化微生物的蛋白质和氨基酸，抑制其生长，达到灭菌的目的。高锰酸钾溶液宜现配现用，不宜久放。常用于器具表面消毒。高锰酸钾也常用来与甲醛配合使用，对接种箱（室）进行熏蒸。

（4）酒精。酒精可使蛋白质脱水变性，从而使细菌死亡，浓度为 75% 酒精杀菌作用最强。常用于器皿、子实体及皮肤表面消毒。酒精易燃、易挥发，应密封保存。

（5）石炭酸。又称苯酚。石炭酸有特殊气味和腐蚀性，为无色或白色晶体，在空气中易氧化为红色。损害微生物细胞膜，使蛋白质变性。常用 3%～5% 苯酚溶液，对房间空气喷雾或对器具浸泡消毒。无腐蚀金属作用，但 5% 以上浓度能刺激皮肤，使手指发麻。

（6）来苏儿。含 50% 煤酚皂，来苏儿的刺激性小，效力比苯酚强 4 倍。浓度为 1%～2% 的来苏儿常用于手的消毒；3% 的来苏儿用于浸泡器皿或室内空气喷雾。

（7）漂白粉。主要成分是氯化钙、氢氧化钙和次氯酸钙的混合物。其杀菌机制是：加水分解成次氯酸，次氯酸极不稳定，易分离出新生态氧，发生强烈的氧化作用，从而破坏菌体蛋白质结构。常将 2%～5% 漂白粉以洗刷、喷雾、浸泡等方法用于墙壁、地面、厕所、用具的消毒。配制的漂白粉水溶液也应随配随用。

（8）新洁尔灭。是阳离子表面活性剂，能吸附带阴电的细菌，使菌体蛋白质变性、沉淀死亡。一般使用浓度为 0.25% 的溶液。常用于器具和皮肤消毒，亦可用于接种箱（室）、培养室内喷雾消毒。对人、畜毒性较小。宜现配现用。

（9）升汞。又称氯化汞，白色晶体或粉末，易溶于水，杀菌力强。对人畜毒性很大，易被皮肤黏膜吸收，操作人员应避免长时间接触。一般使用 0.1% 升汞溶液，用于接种箱（室）和菌种分离材料的表面消毒。升汞属重金属盐类，不能用作铁器之类的表面消毒，以免沉淀失效。

（10）过氧乙酸。无色至微黄色液体，有刺激性及挥发性。过氧乙酸的气体和溶液都具有强氧化作用，可破坏微生物蛋白质基础分子结构，达到灭菌的效果。使用方便，可采用浸泡、擦拭、喷雾、熏蒸等方法进行消毒。原液为强氧化剂，具有较强的腐蚀性，不可直接用手接触。0.2％浓度用于浸手或擦拭消毒，2％浓度用于喷洒消毒。

（11）百菌清。又名达克尼尔，是一种优良的杀菌剂，对青霉菌、轮枝霉效果较好，常用 0.15％的水溶液喷洒消毒。

（12）石灰。分为生石灰和熟石灰两种。生石灰为氧化钙，白色固体。生石灰与水化合即成熟石灰，熟石灰为微溶于水的白色固体。两种均为碱性物质，可提高培养料或环境的 pH 值，可抑制大多数酵母菌和霉菌的生长繁殖而达到消毒的目的。1％～2％浓度用于拌料；3％～5％浓度用于喷、浸、刷消毒。

接种室（箱）怎样消毒？

接种室（箱）在制种过程中，要求处于无菌状态，必须进行严格的消毒灭菌。方法如下：

（1）熏蒸法。常用气雾消毒剂熏蒸，每立方米的空间用 4 克气雾消毒剂，点燃后密封熏蒸。也可用甲醛熏蒸，每立方米的空间用 40％甲醛溶液 8～10 毫升，高锰酸钾 4～5 克，两者混合后密封熏蒸。也可用硫黄熏蒸，每立方米空间用硫黄 15～20 克，用纸包裹，点燃后产生二氧化硫杀菌。但应先在箱（室）内喷洒些水，提高空气湿度，使二氧化硫与水结合，生成亚硫酸，可增强杀菌效力。

（2）喷雾法。每次接种前，用 5％石炭酸或 2％～3％来苏儿溶液喷雾，使空间布满雾滴，促进空气中的微尘粒和杂菌沉降，防止地面上灰尘飞扬，达到杀菌作用。

（3）紫外线照射法。每次接种前，将各种器具、培养基等移入箱（室）内，然后打开紫外线灯照射 30 分钟。照射时，操作人员要离开室内，以免对人体产生辐射危害。

接种室（箱）消毒效果怎样检查？

消毒灭菌后，常用平板检查法检验接种箱、室是否达到无菌状态。方法是在接种箱、室内，放入马铃薯葡萄糖琼脂培养基和肉汤琼脂培养基平板各 2 个，将这两种不同培养基平板一个开盖 5 分钟后再盖好，另一个不开盖为对照。然后放入 30℃恒温箱内，培养 48 小时，检查是否长有菌落，并计算出菌落数量。菌落不超过 3 个为合格。如不合格，应根据杂菌种类，采取相应的措施。如霉菌较多，可先用 5％石炭酸溶液喷雾后，再用甲醛熏蒸；若细菌较多，则每立方米用乳酸 2 毫升和甲醛交替熏蒸，以达到彻底灭菌的目的。

 培养室怎样消毒？

培养室是培养菌种的场所，在使用前须打扫干净并进行消毒，以减少菌种在培养期间的杂菌污染。消毒后封闭 24 小时再使用。室内床架可用 5％石炭酸或 2％来苏儿。培养室一般用气雾消毒剂（4 克 / 米³）、甲醛（5 毫升 / 米³）或硫黄（15 克 / 米³）熏蒸，擦拭消毒。使用过的培养室及床架，再进行 1 次灭菌和杀虫，以免杂菌、害虫滋生蔓延。

 食用菌栽培场地怎样消毒？

将栽培场地及其附近草丛、杂物清理干净，以减少病虫滋生。四周要挖好排水沟，地面整理完成后要充分利用日光进行暴晒，并喷洒生石灰、杀菌、杀虫药物，尽量减少病原菌和害虫数。场地内棚架要用石灰水或波尔多液涂刷消毒，也可用漂白粉液喷雾。场内可用气雾消毒剂（4 克 / 米³）、甲醛（5 毫升 / 米³）或硫黄（15 克 / 米³）熏蒸，以减少生产过程中有害微生物的干扰。

四、食用菌栽培设施与设备

102 周年栽培出菇房必须具备的条件有哪些?

(1)有保温、送洁净新风设施的标准菇房。

(2)有增湿、增温或降温设备。

(3)有一套可程序化调控生产控制条件的技术体系,能对温度、湿度、光照、二氧化碳发生量等生产环境进行精确控制。

103 季节性栽培出菇房(棚)必须具备什么条件?

(1)场地选择。菇棚搭建时要选择地势较高、交通方便、水源充足、利于排水、背风向阳处搭建,还要远离养殖场、化工厂、排污场等有污染的地方。一般选择在离村庄一定距离的公路两边比较合适。

(2)菇棚要求。①宜采用坐北朝南的地上或半地下菇棚,这样的菇棚具有冬暖夏凉的特点。②棚架可以是竹子,还可以是钢管、水泥架、塑料管等。③标准的菇棚一般宽6～8米,长25～30米,高2～3米,简易的小菇棚大小因地制宜,高度一般在50～70厘米。④菇棚架搭建好后,上面盖防滴膜或者塑料膜,还须加盖遮阳网。⑤在棚内沿棚壁10厘米处挖10～15厘米宽、深15厘米的沟,出菇期间沟内灌水保持菇棚的湿度或者雨天排水。同时沿菇棚四周挖宽40厘米、深50厘米的水沟,用于防治爬行类害虫进入菇房及雨天排水,避免菇棚内积水。

104 菇棚(房)的种类有哪些?

菇棚(房)的建设,基本要求能遮阳,保持棚内三分阳、七分阴,只能是散射光,不能是直射阳光;其次能通风换气,有出气孔,同时能保温保湿,便于操作管理和采收。主要形式有:

(1)拱圆形塑料小地棚。拱圆形塑料小地棚一般宽1.0～1.2米,应根据菇床宽度来定。棚架用细竹竿或毛竹片,相互间距为0.3～0.5米,其上覆盖薄膜,小地棚有很好的增温保湿作用,是室外简易菇棚的一种。

(2)半地坑式大棚。半地坑式大棚是因地制宜、因陋就简设计的较为适用的大

棚,主要结构和特点是:①东西或南北走向都可以,一般长 25 ～ 30 米,宽 6 米,中间两肋用竹竿撑起,上用竹或竹片弓成弧形。②四周用土垛墙,棚内地面下挖 30 厘米左右,四周围墙高 50 厘米左右,中间起脊棚高 2 米左右。③用铁丝加固骨架,上盖塑料膜和遮阳网,四周用土压实,上盖稻草遮阴。这种棚造价低廉,保温保湿,散射光均匀,通风性能良好,操作也方便。

(3)钢架大棚。栽培面积大、增温快,大棚除有塑料膜外,必需要加盖遮阳网,冬季最好还要覆盖草帘才能保温。

(4)日光温室。利用日光作为能源的温室,其保温性能好,一般比外界高 10℃以上,且温差变幅也不大。

(5)工厂化栽培的菇房。温度、湿度、二氧化碳浓度等食用菌生长因子都能人为控制,从而可以周年生产。

 出菇架的材料与设计原则有哪些?

为充分利用菇房(棚)的空间,一般设置为多层出菇床架,用来铺料或放置菌袋、菌棒。床架应坚固耐用,常用镀锌钢管、水泥架或竹木制作,层数为 5 ～ 6 层,每层扎上横档。层距为 28 ～ 60 厘米(不同品种要求不同),底层离地 30 厘米。单面操作的床架宽度为 50 ～ 60 厘米,双面操作的可为 80 ～ 120 厘米,其长度以菇房的宽度而定。床架与床架的间距为 60 ～ 70 厘米,以便行走和采菇等操作管理。床架在菇房内的排列应与菇房方位垂直,即东西走向的菇房其床架应排成南北方向,南北走向的菇房其床架排成东西方向,而窗户则开在床架的行间,可避免风直吹床面。

 食用菌生产需用的设备有哪些?

(1)拌料机。

(2)装袋机。

(3)扎口机。

(4)灭菌锅。包括高压灭菌锅和常压灭菌灶两种。生产一级种用手提式医用灭菌锅。

(5)接种室、接种箱或接种帐。

(6)制作一级种和菌种检验设备。天平、显微镜、恒温箱、试管量杯等仪器。

五、香菇栽培技术

107 香菇的栽培方式有哪几种?

香菇栽培,主要有段木栽培和代料栽培(也叫袋式栽培)方式。段木栽培是指将适宜香菇生长的树种砍成1.2米左右长的木段,在木段上钻孔接入香菇菌种后培养管理,进行香菇生产的方式(图5)。代料栽培是指利用枝丫材粉碎的木屑及麦麸、棉籽壳、玉米芯等为主要原料,按照一定配方配比拌匀装入容器后灭菌,接入香菇菌种后培养管理,进行香菇生产的方式(图6)。代料栽培原料广、产量高,是目前广泛采用的生产方式。

图5 香菇段木栽培

图6 香菇代料栽培

108 香菇生产的季节如何安排？

代料香菇根据不同品种和上市期要求，生产季节一般安排为：中高温型的短菌龄品种一般为 11 月至翌年 1 月制袋，4—9 月出菇，俗称夏栽；中低温型的中长菌龄品种一般为 2—4 月制袋，9 月至翌年 4 月出菇，俗称春栽；中低温型的短菌龄品种一般为 7—8 月制袋，10 月至翌年 5 月出菇，俗称秋栽。

109 如何选择适合丘陵山区栽培的香菇品种？

香菇品种很多，有的适宜段木栽培，有的适宜代料栽培，有的既适宜段木栽培又适宜代料栽培。另外代料栽培的品种有的适宜春栽，有的适宜夏栽，有的适宜秋栽，所以必须要根据不同的种植模式和种植时间来科学选择品种。丘陵山区海拔气候差异较大，在选择品种时尽量向技术人员咨询后在正规菌种生产厂家选择适合的香菇品种。

110 水分对香菇菌丝生长有何影响？

水分是香菇生命活动最重要的物质基础，只有培养基上水分适宜，香菇菌丝才能正常生长。在菌丝生长阶段，培养基的最适含水率为 57%～62%，如果培养基含水率偏高则菌丝生长缓慢，难长满袋，后期出菇迟；培养基含水率偏低则菌丝生长快而稀疏，发黄，不健壮，后期出菇容易长小菇开伞早。

111 水分对香菇子实体生长有何影响？

菌筒含水率偏高则香菇出菇稀，菌盖呈暗褐色水渍状，容易腐烂，子实体含水率高，也影响香菇价值，不利于储运。菌筒含水率偏低则菌筒对振动敏感，容易出爆菇，都不利于优质菇生产。

112 空气湿度对香菇生长有何影响？

在出菇阶段，原基形成和菇蕾期，空气相对湿度要维持在较高的水平，一般在 85%以上，过干菇蕾容易干死。随着菇蕾长大，空气相对湿度应相对偏低，并要有一定湿度差，这样有利于生长优质菇。此时空气湿度持续很大则子实体菌盖发黑，菇柄长，价值低。

113 温度对香菇生长发育有何影响？

香菇是低温和变温结实性的菇类。香菇菌丝适宜温度范围一般在 5～32℃，23～27℃时菌丝生长速度最快，在 5℃以下和 35℃以上香菇菌丝停止生长。香菇菌丝可以耐低温不耐高温,零下几十摄氏度不会冻死,但在高温38℃下就会很快死亡。

香菇子实体分化温度一般为8～20℃,其中10～15℃最为适宜。昼夜温差大利于分化。子实体生长适宜温度为10～20℃。但由于香菇品系的不同也稍有差异。香菇子实体性状和品种受温度影响较大,一般较低的温度下子实体生长慢,但不易开伞,菇盖厚,菇质紧,菇柄短,品质好;较高的温度下子实体生长快,开伞早,菇肉薄,质地发软,菇柄长,质量差。

 114 光照对香菇生长发育有何影响?

香菇在菌丝生长阶段不需要光照,过强的光照还会抑制菌丝生长。在转色期和子实体分化期都需要一定的散射光。子实体生长期,有光照可以促进形成优质菇。所以一般在发菌期都要避光培养,转色和出菇时增加散射光照。

 115 酸碱度对香菇生长发育有何影响?

香菇菌丝在偏酸的环境下才能正常的生长,适宜pH值一般为3～7,最适pH值为5左右,过碱性环境菌丝很难生长。香菇菌丝可以分泌有机酸,改变环境的pH值,使培养料酸化,所以在配料时一般不考虑人工调节pH值。

 116 什么是香菇段木栽培?

香菇段木栽培一般是指在树段上直接种植香菇的栽培方式,主要是把适合香菇生长的树木砍伐后,将枝、干截成段,再进行钻孔接种,在适宜的场地集中进行人工管理。

 117 段木栽培香菇的菇木怎么准备?

首先要选择适合香菇生长的菇树,适于香菇生长发育的树种很多,有栎树、柞树、槲树、桦树等。一般选择以树龄10～20年生、胸径为10～20厘米粗的树木为好。10年生以下的小树,树皮薄、材质松软,种植香菇出菇早,但菇木容易腐朽,生产年限短。老龄树则相反,出菇较晚,树干直径过大,管理不便。

选好的树木要及时砍伐,砍伐期要在深秋和冬季树叶发黄之后到树木发芽之前为好,这时树木处于休眠期,树内营养物质最丰富,树皮不易剥落。砍伐后的树木不能立即接种,要将其放置几天,待树木丧失部分水分后再剃枝,可将菇木截成1.0～1.2米的木段,并运至菇场。段木长短要一致,便于堆放和架立操作管理。在砍伐、搬运过程中,必须保持树皮完整无损不脱落。

运到菇场的段木,还要放置风干一段时间。段木风干时间的长短视不同树种的含水率而定,一般当菇木含水率为35%～45%时接种,此时最适于菌丝生长发育。段木含水率大小可根据菇木横断面的裂纹来判断,一般细裂纹达段木横断面直径的2/3时,就达到了适合接种的含水率。

118 段木栽培香菇的菇场怎么选择?

段木栽培香菇的菇场一般选择在菇树资源丰富、便于运输管理、通风向阳、排灌方便的地方。菇场最好设在高大稀疏的阔叶林下或人工搭建的遮阴棚下,要求七阴三阳,折射阳光能透进。日照过多,菇木易干燥脱皮,过阴也不利于菇的生长。菇场环境要清洁卫生,这样菇木不易染病、生虫。

119 段木栽培香菇接种的技术要点有哪些?

接种时间一般选择在气温5～20℃的季节里,结合菇木的砍伐时间、菌种菌龄、生产规模等适时安排接种。气温在15℃左右时接种最佳。

香菇段木栽培通常使用木屑菌种,接种前先用电钻或打孔器在段木上打孔,孔深1.8～2.5厘米,孔径1.5厘米,接种孔的行距6～7厘米,穴距10厘米,品字形排列。打孔深些、密些有利于菌种成活和提早出菇,进而提高效益。接种时将木屑种掰成小块,塞入接种孔内,再将预先准备好的封盖盖在接种孔上,用锤子轻轻敲平。封盖可用树皮、木块或玉米芯等制作。木块封盖是将软质木柴锯解成1.5厘米左右的小木块来做封盖。玉米芯作封盖时,先将玉米芯用锤子沿中轴敲成条装,手拿其中一条用锤子在接种孔上敲入即可。

120 段木栽培香菇发菌期如何堆码?

段木香菇发菌的过程就是将接种后的菇木按一定的方式堆放在一起,使菌丝迅速定植生长的过程。发菌时,菇木的堆码方法要因地制宜,一般使用以下几种:

(1)井字形。适宜于地势平坦、场地湿度高、菇木含水率足的条件下采用。方法是先在地面垫上枕木(砖块、石块均可),将接好种的菇木以井字形堆成约1米高的小堆,堆的上面和四周盖上茅草或塑料膜、遮阳网,防晒、保温、保湿。

(2)横堆式。适宜于菇场湿度、通风等条件中等的菇场采用。堆时先横放枕木,再在枕木上按同一方向堆放,堆高1米左右,上面或阳面覆盖茅草或塑料膜、遮阳网。

(3)覆瓦式。适宜于较干燥的菇场。先在地面上打桩横向支起一根枕木,斜靠放置4～6根菇木,再在菇木上端横放一根菇木,再斜靠放置4～6根菇木,以此类推,阶梯形依次摆放。

另外还可使用牌坊式、立木式和三角形摆放方法,可根据各菇场实际情况灵活选用。

121 段木栽培香菇发菌期如何管理？

（1）遮阴控温。堆码初期，堆顶和四周要盖茅草或遮阳网。接菌早、气温低时，堆上可覆盖一层塑料薄膜保温保湿。如果气温超过 20℃要将薄膜去掉。天气进入高温时期，要将堆面遮阴改为高棚遮阴，这样有利于降温。

（2）喷水调湿。在发菌时期，菌丝生长需要适宜的水分，菇木的含水率相应减少，特别是菇木本身含水率低时，一定要及时补水。高温季节要选在早晚天气凉爽时进行补水，补水后还要加强通风，切忌湿闷，否则容易滋生杂菌虫害，导致菌种不能成活定植。

（3）翻堆。堆码后段木所处的位置不同，温湿度条件不一样，发菌效果也会不同。为使发菌均匀一致，必须进行翻堆。翻堆就是将菇木上下左右内外调换一下位置。一般每隔 20 天左右翻堆 1 次。勤翻堆可促进菌丝生长，抑制杂菌污染。翻堆后加强通风换气，翻堆时注意不要损伤菇木树皮。

122 段木栽培香菇出菇管理要点有哪些？

经过数月的养菌，菇木达到成熟，具备出菇能力，待外界环境条件适合就可进行出菇管理。一般较细的菇木当年就可少量出菇，较粗的菇木要经过 1 年半的培养才能开始出菇。

出菇管理期间的技术管理主要注重以下操作管理：

（1）温度。菌丝发育健壮、达到生理成熟的菇木，须在适宜的温度下才能出菇。适宜出菇的温度范围为 10～25℃，此时温差在 10℃左右时最有利于子实体的形成。较大的温差变化，能使菇木菌丝扭结成原基，继而生长成小菇蕾。

（2）湿度。出菇阶段的湿度包括两个方面，一是菇木的含水率，二是空气相对湿度。菇木出菇阶段，对水分需求增大，如果菇木中含水率低于 35%，则很难出菇。一般出菇管理之前需要对菇木进行喷淋水（或浸水）补水。喷淋水（或浸水）时间的长短应根据菇木含水率来确定。浸水一般一次浸泡 12～24 小时，让菇木一次性吸足水分。喷水时先将菇木放倒在地面上，再在之后的 3～4 天里勤喷、细喷、间断式喷水，然后再将菇木起架，准备出菇。干旱无雨时，要加大喷水量，直至菇木上长出原基后再起架出菇。第一年菇木的含水率在 40%～50% 为适合，第二年菇木含水率调节至 45%～55% 为宜。菇木年份越长，其含水率也要求随之增高。另外在原基分化和发育成菇蕾时，菇场的空气相对湿度应保持在 85% 左右，空气相对湿度不足的要喷水增湿。随着子实体的长大，空气相对湿度应随之下降至 75% 左右，当子实体发育至 7～8 分成熟时，空气相对湿度可下降至偏干状态。

（3）惊木。它是菇农在长期的生产实践中总结的经验。惊木方法主要有两种，一般都要结合补水同时进行。第一种为浸水惊木。菇木浸水后立架，同时敲击振动菇木的两端，达到催菇目的。第二种为淋水惊木。淋几天水后，在菇木两端敲打一次，或借天然下雨后敲打菇木，也能获得同样的效果。

（4）起架。菇木的起架方式有很多种，一般采用人字形、覆瓦式、三角形、井字形等。一般起架都要南北向排放，以使香菇受光照均匀，生长健壮。

（5）采收。当香菇子实体长至七八分成熟时，菌盖尚未完全张开，菌膜破裂，菌盖边缘稍内卷呈铜锣边时，就要及时采收。采收时用手指捏住菌柄基部，轻轻旋转掰下即可。

（6）养菌。一批香菇采摘完毕或一季停产后，菇木中养分和水分损耗较多，需要让菇木休养生息积累养分和水分，以待继续出好菇。在养菌期间菇木水分要略偏干些，通风量大些，温度尽量提高些，为菌丝复壮创造良好的环境条件。下一个出菇期时，再进行喷水或浸水等出菇管理。

 什么是香菇的代料栽培？

香菇代料栽培是相对于段木栽培而言的，是指利用各种农副产品，如木屑、棉籽壳、秸秆等作为主要原料，添加一定比例的麸皮、米糠、饼粉等辅料，配制成培养基，以代替传统的木材栽培香菇。香菇代料栽培的原料来源充足，方法简便，成本低，收益快，是目前应用最广泛的香菇栽培方式。

 香菇代料栽培的生产季节如何安排？

香菇播种期应根据当地的气候条件、栽培模式、品种特性等统筹考虑而定。一般情况下，春栽香菇于1—3月制袋，10月至翌年4月出菇；夏栽香菇在10—12月制袋，翌年4—10月出菇；秋栽香菇在7月下旬至8月下旬制袋，10月至翌年5月出菇。

 香菇代料栽培的主要配方有哪些？配料要注意哪些事项？

香菇代料栽培常用配方有：

（1）杂木屑78%、麸皮（米糠）20%、石膏1%、糖1%，含水率58%～62%。

（2）杂木屑40%、棉籽壳（或玉米芯等其他主料）40%、麦麸（或米糠）15%、玉米粉3%、白砂糖1%、石膏粉1%，含水率58%～62%。

配料时，先将木屑、棉籽壳、麸皮、石膏等干拌均匀，再把糖溶化于水中，均匀地泼洒在料上，边翻边洒，拌匀，再调节含水率至适宜范围。配料木屑指的是阔叶树的木屑，一般陈旧木屑比新鲜木屑好。木屑粗细要适度，过细影响袋内通气。配料前木屑要过筛,筛去粗木签,防止扎破塑料袋。

 香菇代料栽培的装袋和灭菌技术要点是什么?

(1)塑料袋一般选用折幅宽 15～18 厘米、长 55～57 厘米、厚 0.004～0.006 厘米的低压聚乙烯塑料袋或聚丙烯袋。低压聚乙烯袋柔韧性好,适于常压灭菌。聚丙烯袋透明度高,高压、常压灭菌均可,但冬季气温低时,聚丙烯袋变脆易破。

(2)装袋。用装袋机装,简易装袋机一般 5 人一组,1 人往料斗里加料,1 人把塑料袋套在出料筒上,1 人负责操作装料袋,一手轻轻压住袋身,一手用力顶住袋底,尽量把袋装紧。另外 2 个人整理料袋扎口和堆码料袋。袋口要扎紧扎严。在高温季节装袋,要集中人力快装,一般要求从开始配料到开始灭菌的时间不能超过 12 小时,否则料会发酸,影响菌丝生长。

(3)采用常压蒸汽灭菌。一般采用常压蒸汽炉灭菌,灭菌炉灶必须提前加水预热。上灶时地面垫砖块和方木板,离地面 15 厘米以上,料袋顺码上下对齐,摆放于铺有编织袋的方木上,行与行之间留 10 厘米左右的空隙,四周用塑料膜和油布盖严压好。灭菌开始大火猛攻 4～6 小时,使温度升至 100℃,然后稳火在 100℃保持 14～16 小时后停火,期间要注意勤检查,及时补加热水防止掉温,严防干锅。最后闷 6 个小时再准备出灶。料袋灭菌要彻底。灭菌料袋数量较多的需适当延长灭菌时间。灭菌结束后,等料袋温度降到 60℃以下后出灶,将料袋运至消毒后的冷却室或接种室,冷却至 25℃以下后即可接种。

 香菇代料栽培时如何进行接种操作?

接种工艺流程为:接种箱或接种室空间消毒→装入料袋、接种工具→空间和未接种的菌棒消毒→菌种和用具表面消毒→打孔接种→封口→转入培养室培养。

代料香菇目前多采用开放式接种,单面打 4 个穴。开放式接种指在接种室或塑料接种帐中接种,操作方便,节省劳力。用接种箱接种,因接种箱体空间小,密封好,消毒彻底,所以接种成功率要高于接种室,但接种箱操作慢,工作效率低。

接种前要对接种箱或接种室进行消毒。空间消毒使用气雾消毒剂,接种箱消毒时间不少于 30 分钟,接种室消毒时间为 10 小时以上。接种用具、料袋接种面、接种人员双手、菌种表面等应用 70%～75% 的酒精或消毒剂擦洗消毒。接种时一般 4～5 人一组,1 人打孔,3～4 人点菌种,1 人搬运摆放菌袋。将灭过菌的料筒搬到接种场所,先在场所一边(或两边)将料筒堆成一个(或两个)长方体,通风冷却后用塑料薄膜盖严密,按照产品上规定的剂量用消毒盒在塑料膜内消毒,做到当天消毒第二天接种。接种时在室内空地上顺码一层用消毒液擦拭料袋正上面,在擦拭面上用打孔棒均匀的打 3～4 个孔,直径 2～3 厘米,深 2.0～2.5 厘米。菌种

瓣成块状塞进接种孔,紧密填满不留空隙。打孔和接种要相配合,接种后一般采用封口胶、封口膜或套袋封口,也可采用菌种封口,即用大剂量菌种填满接种口,或不封口,用菌种封口应加大菌种量。已接种的料袋不能再搬动,接好后的料袋上面覆盖一层薄膜,保温保湿促菌种成活。接种操作要严格按无菌操作接种,才能保证接种成功率。接种后也不能再用消毒剂熏蒸消毒。

128 香菇代料栽培的菌袋培养需要注意哪些事情?

菌袋培养期通常称为发菌期,是指从接种到香菇菌丝长满料袋并达到生理成熟这段时期。培养场所要求干燥、洁净、通风良好,避免直射光,使用前应进行空间消毒,并能采取有效的升降温措施。还要远离污染源,周边不能有猪场、鸡场、垃圾场等虫害杂菌易滋生地。

接种后温度低于8℃会影响菌种成活,适宜控制培养温度为16～24℃,温度计放入中层菌袋之间,每天观察一次,避免直射光,增加门窗遮阴物,避光发菌,一般不翻动菌筒。

当菌丝圈直径长至6～8厘米时,进行翻堆,调整堆高与堆距,翻堆要轻拿轻放,堆成井字形或三角形,每层3～4筒。用封口胶、封口膜封口的菌筒,此时可进行一次打小眼。采取直径2厘米的刺孔器刺孔,在接种口周围刺孔2～4眼,深度1.0～1.5厘米。套袋封口的菌筒打开套袋口或脱去套袋。如果采用菌种封口,可省去这次打小眼。

当菌丝圈直径长至15厘米左右时,此时菌丝圈已经连接,须再一次打小眼,每处刺孔6～8眼,深度2.0～2.5厘米。若水分过重,增加打眼数量和深度。此时特别要注意低堆稀码,增加通风,防止烧堆。

菌丝长满全袋7天后须进行刺孔通大气,俗称打排眼,总孔数40～80眼,深度2.5～3.0厘米。刺孔通大气要分批进行,并调矮堆高和调稀堆距。严禁30℃以上打眼排气,要做到先疏散后打眼,同一温室菌筒数量多,要分期分批打眼,错开高温期,室内全天通风,勤检查温度,防止烧堆。对高温高湿、鼠咬而发生的链孢霉,要隔离烧掉。菌筒要做到促生长、早成熟,不能省去打小眼而只打一次排眼。

由于菌袋的大小和接种点的多少不同,一般要培养50～70天菌丝才能长满菌袋。这时还要继续培养,待菌袋内菌丝体出现膨胀,开始生长隆起的瘤状物时说明已经进入转色期。

129 香菇代料栽培的转色管理要点有哪些?

香菇菌丝生长进入生理成熟期时,菌袋开始生长隆起的瘤状物,表皮菌丝逐渐变成棕褐色的菌膜,且瘤状物逐渐增加,手捏菌袋瘤状物有弹性。

转色的深浅、菌膜的厚薄，直接影响到香菇原基的发生和发育，对香菇的产量和质量影响很大，是香菇出菇管理最重要的环节。

转色期应适当增加散射光刺激，加强通风，良好转色标准为菌皮80%起泡，褐色，均匀，有弹性，有光泽。要结合品种和天气进行翻堆，低温迟熟型品种一次疏散到位，尽量不翻动，中温中早熟型品种可翻动2次，以促使均匀转色。遇到低温或阴雨天气，不宜翻动菌筒，早晚关闭门窗，尽量减小温差，避免出菇现象发生。尽量不要在高温期转色，否则黄水增多，容易感染杂菌，严重会引起烂筒。

130 香菇代料栽培转色过程中常见的不正常现象及处理办法是什么？

(1)转色太浅或转色慢。如果是袋内转色，则可能因为光线太暗，温度太低，刺孔少或没有刺孔。处理办法就是增加光照，加大通风，提高培养室内温度在25℃左右，并根据菌筒情况打排眼(刺孔)。如果是脱袋转色，可能原因是空气过干、光照过强或干风吹袭，造成菌筒表面偏干，转色停止。处理办法就是采取增湿和控温措施，向菌筒和空间喷水，增加湿度，盖好外棚塑料膜，减少通风次数和缩短通风时间，尽量使棚内相对湿度在85%～90%，温度在20～25℃。

(2)菌筒表面菌丝生长旺盛，不倒伏转色。造成这种现象的可能原因是培养料含氮量过高造成菌丝徒长，脱袋转色也可能是缺氧或者湿度过大等。处理办法就是延长通风时间，并适当增加光照，注意喷水和通风结合，加大菌筒表面的干湿差，迫使菌丝倒伏转色。

(3)菌筒流黑水、出现杂菌污染。可能原因是环境温度过高，湿度过大，菌筒接种时轻微感染杂菌，或打排眼时菌筒受外界损伤太大等。出现此类问题，要立即降低环境的温度和湿度，同时加强通风。脱袋的菌筒可先用清水冲洗菌筒表面，再喷施美帕曲星等杀菌剂，每天1次，连喷3天。

131 香菇代料栽培的出菇管理措施有哪些？

一般多采用脱袋层架的栽培模式，该出菇管理主要流程为：菌筒上架→催蕾→脱袋→培养→采收→养菌→补水→催蕾→重复管理。

一般在白天最高气温稳定在22℃以下时开始进棚上架，进棚过早，温度高，出菇多而小，柄长，盖薄，各种杂菌危害严重。春栽香菇，中温中早熟型品种在9月中下旬、低温迟熟型品种在10月中下旬上架较合适，具体根据气温而定。早期中午太阳光强，防止顶层及西边部位暴晒，损伤菌筒，滋生绿霉。

脱袋出菇是在菇蕾形成后，将菌袋划开脱除，使菇蕾能自然生长。脱袋时先出菇的菌筒先脱袋，后出菇的后脱袋，未出菇的暂不能脱袋。

脱袋出菇的关键点是喷水增大菇棚内的空气湿度,再根据不同的品种特性辅以温差刺激或适当振动刺激进行催蕾。喷水增湿是脱袋出菇的重要环节,能使菌筒的褐色菌皮软化,菇蕾才能破皮而出,其方法是菌筒进棚后,开始在棚内的空间和地面喷水,菇蕾就能顺利形成。喷水要连续 3～4 天,每天早、晚进行,中午气温高时不能喷水,且要进行通风 0.5～1.0 小时。菇棚两侧薄膜压紧封死,两头薄膜开、闭能完全彻底,操控方便,保持棚内空气湿度在 85%～90%。催蕾要适度,当大部分菌筒上已经显蕾就要停止催蕾,立即加大通风时间和次数,降低棚内空气湿度,防止菇蕾形成过多过密而影响香菇品质。

出菇期总体要注意以下三方面管理:

一是水分。菇蕾期空间相对湿度保持在 80%～90%,随菇蕾的长大逐步降低空气湿度。菌筒水分宜干湿交替管理。

二是通风。栽培场所应经常通风。催菇期至菇蕾期防止大风吹伤原基和菇蕾,盛菇期至采收期要加大通风量。

三是光线。越夏期遮阴度 80%～95%;出菇期遮阴度 40%～80%。冬季除去顶棚部分遮阴物增加光照,也可全光。

具体来说,脱袋后的初期,小菇蕾幼嫩,要注意菇棚内保湿,防止小菇蕾枯死。晴天可采取短时(每次半小时)多次的通风方式,无风的阴天或雨天多揭膜通风。既要有新鲜空气,又要有适当的空气湿度才能保证菇蕾顺利生长。随着菇蕾的不断长大,须逐步增加通风的次数和时间,到采菇的前两天可全通风,这样就能使之形成菇肉密实的优质厚菇或花菇。

 ## 132 香菇菌筒生理成熟的鉴别方法是什么?

在香菇袋栽生产中,尤其是秋栽和夏栽香菇生产中,常会出现因菌丝生理未成熟造成不出菇或长畸形菇等现象。如何正确鉴别其生理是否成熟呢?主要从以下几点来判断:

(1)看品种和菌龄。不同温型的品种都有相应的菌龄天数,但菌龄天数也只是一个参考数,要按有效积温计算较为科学。在冬季低温接种的菌袋,夏季高温接种的菌袋,养菌时间都要相应拉长。

(2)看菌袋。菌丝满袋后交织扭结,形成瘤状突起状态达到整袋 2/3 以上,说明菌丝生长已积累了丰富的养分,由生理生长向生殖生长阶段转化。这些特征只是针对一些中短菌龄品种,在实际生产中,有些品种虽已转色成功但不一定就能出菇,有的没有转色成功也可以出菇。

(3)看手感。在菌丝生长期菌筒基质较硬,当菌丝满袋并向菌筒内部继续生长,逐步分解,菌筒逐渐变得软弹,这时用手摸会有弹性,这就证明其已接近生理成熟。

以上三个方面均已达到,还不能完全确定菌筒生理成熟,因为不同的品种生理特性不一样,最好还要做一个出菇试验,即抽取不同位置的几个菌筒进行催菇,出菇后观察出菇的快慢、菇形,以及出菇的整齐度等是否正常。如果都属正常,那就完全证明这批菌筒生理已成熟,可以进行出菇了。

133 代料香菇安全越夏有哪些管理要点?

春栽香菇的菌筒越夏管理是香菇代料栽培周期中的重要环节,其成败直接影响到今后的产量、质量及收益。高温来临前,菌筒疏散转移必须及早进行,不得拖延时间,趁早晚或阴天转运,及时疏散,严禁烈日下和30℃以上高温天气搬运、翻动菌筒。

越夏期以通风降温、防止烂筒为主。宜用室外阴棚越夏。阴棚四周及棚顶要加大遮阴,确保无直射阳光进棚,并对菇棚环境进行彻底清扫,做好消毒杀虫工作。

菌筒经打排眼后即可进棚。进棚后要低堆稀码,在棚架上单层排放,间隔3厘米。地面"井"字排放的菌筒,高度不宜超过1米,棚四周开好排水沟,厢面呈龟背形,菌筒排放方式与室内排放方式相同。阴棚顶部及四周上部要加厚遮阴物,不让太阳光射入棚内,四周要通风。温度超过34℃时可在外棚及内棚地面喷凉水降温,加强夜间低温时通风。遇高温闷热或连雨天气,棚内要及时通风换气,防止闷菌烧筒。

室内越夏的菌筒,要低堆稀码,通风凉爽,每堆要呈井字形排列,每层两筒,高度4~6层以内,堆与堆之间要留有空隙,也可以在地面放枕竿,菌筒顺码,每层之间用竹竿隔离散热,筒与筒之间留3厘米空隙,高度不超过8层,行与行之间留有通风走道。每平方米按30袋排放为宜,夜间凉爽开门窗,白天则要避免阳光和热空气进入室内。菌筒不得放在室内楼上越夏。

室内室外越夏都应勤检查,有高温预兆及时疏散。及时防治病虫害发生。越夏后期,常有短期低温刺激,早熟品种不动菌筒,减小温差管理,防止过早出菇。

134 花菇培育的关键技术有哪几方面?

花菇是在袋栽香菇成长过程中,遇到低温、干燥、温湿差等逆境时,菌盖表面细胞停止生长,菌肉细胞正常生长而涨破菌盖表皮,形成各式花瓣状花纹,长时间继续下去,其裂纹逐渐加深,露出洁白的菌肉,形成的一种高贵的"畸形香菇",属香菇上品。花菇的龟裂纹越宽、越深,品质越好,即天白花菇或爆花菇。

一般情况下花菇的形成需要以下5个条件。一是空气干燥,空气相对湿度一般在50%~67%。菌筒含水率在50%~55%,过高则不利花菇形成。二是温度适宜,气温控制在8~18℃,此温度间子实体生长慢,菌盖肉厚,易形成花菇。三是光照充足，冬季11月至翌年3月，光照充足有利于花菇形成，裂纹增白增深。四是微风吹拂，微风能保持空气新鲜，还能加速菌盖开裂。五是有一定的温湿差，温湿差能抑制菌盖表皮细胞停止生长和促进菌肉细胞生长涨开菌盖表皮，形成花菇。在代料栽培香菇时，要增加花菇的生长比例，就要满足以上几个条件，并从以下几方面加强管理：

（1）培育健壮菌筒。要培育好花菇，首先要培育好香菇。生产前期要选用优质菌种，选择优质原辅料，加强菌筒发菌管理，培育健壮菌筒，转色完整，菌丝生理成熟并达到有效积温，这是花菇生产的基础。

（2）催蕾。进入出菇季节时，菌袋进棚上架，不脱去塑料袋，然后适当提高空气湿度达到80%～90%，温差达10℃以上，促进菇蕾形成，必要的可进行适当的振动刺激。

（3）割口出菇。菇蕾直径长到1.0～1.5厘米时应适时割袋，在菇蕾的周围沿菇蕾方向把塑料袋划开3/4，让菇蕾自然长出。选择菇型好的一面留6～8个菇蕾，多余的剔除。

（4）催花。当菇盖直径达2.0～2.5厘米时应增加光照，拉大温差，温度尽量保持在12～18℃，空气相对湿度降到60%～70%，使菌筒保持内湿外干，晚上通风降湿，一般两天左右菇盖可出现裂纹。当菇盖达3厘米仍未出现裂纹时，则应加大光照及通风量，降低空气湿度，促使花纹早形成。花菇裂纹出现直至采收，不能向菇体喷水，否则裂纹会变浅、变褐或消失。

135　香菇菌筒上架后催蕾不现蕾有哪些原因？如何解决？

香菇菌筒上架后不现蕾，原因主要有：一是菌筒转色不正常，菌筒硬实，菌皮坚厚、无弹性；二是菌龄未到，菌筒还没有完全生理成熟；三是菌筒装袋过紧、翻堆少、刺孔少，菌筒里面的木屑并没有完全被菌丝分解，导致生理成熟推迟。

解决办法有：在菌筒发菌管理期要经常翻堆，适时刺孔；菌筒培养后期要保持适宜的温度，适当增加光照，促进菌筒成熟、转色；菌皮厚而坚硬的菌筒上架后采取拍打菌筒振动催菇，并拉大温差刺激，必要时采取补水催菇。

136　鲜菇生产在种植技术上要注意哪些方面？

做鲜香菇生产的，可以采用脱袋或保湿膜的种植模式，这样可以节约划袋的人工。出菇管理时注意以下几个方面：

一是防止空间湿度过大。空间湿度大则菌盖变黑，影响外观。出菇期要控制喷水次数，加强通风，尽量培育白面菇和花菇，提高售价。

二是培育朵型大的香菇。一般朵型大的香菇价值高，所以在具体管理时要注意配料营养充足,培育健壮菌筒,催菇时注意出菇数量不能过多,菇蕾期加大通风降温降湿,让菇蕾健壮缓慢生长,这样香菇长得更健硕。

三是适时采收。香菇一般要求菌膜未破时采收。采收太迟,菌盖张开,货架期短,价值降低。香菇采摘时,一手按袋,一手的拇指和食指捏紧菇柄基部,左右旋转,轻轻拔起,放于竹筐或塑料筐内,防止挤压和损伤,同时清除菌筒上的菇根。气温高时一天采摘2次。

四是及时销售或冷藏,提高商品售价。

137 干制香菇生产在种植技术上要注意哪些方面?

做干菇生产要以生产花菇、优质菇为主,一般采用划袋出菇或保湿膜种植模式,在管理时要注意以下几点:

一是适时采收,防止过老。做干制香菇时,一般在菌盖八分开左右、菌盖边缘呈铜锣边时采收,此时不仅口感滑嫩细腻,而且孢子尚未成熟弹射,营养价值积累最多。采收太迟,菌盖边缘长平或翻开,孢子弹射,营养消耗,粗纤维增加,食用时口感欠佳,价值也降低。

二是注意科学催花,尽量培育白花菇。出菇期结合催花技术,人工增加温湿差,促进多长花菇。

三是科学烘干,推广烘干机烘干。用烘干机烘干的香菇菇形圆整,颜色鲜,商品价值高。太阳晒、土法烘干等做出的香菇菇形差,颜色不好,降低了商品价值。

138 怎样进行催菇?

自然情况下,菌筒生理成熟后,给予适当的温差刺激,维持较高的环境湿度,就可正常出菇。在特定条件下,为了多出菇,出好菇,可以采用人工催菇的方法,主要有:

(1)温差刺激。香菇属中温恒温发菌、低温变温结实性的菌类。在出菇季节,通过自然温差,或人工盖塑料膜和掀塑料膜等操作增大温差,可以达到催菇的目的。

(2)振动催菇。香菇具有受振动刺激易发生菇蕾的特性,如果菌筒到出菇季节还不出菇,可两手各拿起一个菌筒,相互碰撞振动一下,再放入出菇棚架,就达到振动催菇的目的。同时菇棚内的空气相对湿度尽量保持在80%~85%,温度控制在8~21℃。一般振动刺激只能用一次,不能连续使用。

(3)注水催蕾。适于含水率偏低的菌筒和采菇后经充分养菌的菌筒。注水可以给菌筒补充水分,还可以造成一定的湿差和振动刺激,达到催菇效果。

(4)植物生长素催蕾。在菇蕾形成前,喷施25微升/升柠檬酸、10微升/升三十烷醇、20微升/升赤霉素溶液、20微升/升吲哚乙酸等,都有促进香菇子实体分化的作用,并起到催菇的效果。

催蕾方法尽管有多种,但不同特性的香菇品种和不同情况的菌筒应选择适宜的催蕾方法,否则效果会适得其反。

139 香菇菌筒补水技术的注意事项有哪些?

香菇采收后,要进行养菌,让菌筒蓄积养分。养菌一般保持空气相对湿度在80%左右,保温静置培养 10 ～ 20 天,待菌筒采菇痕处菌丝长白转色,即可进行补水。可采用喷水、注水或浸水等方法给菌筒补充水分。

在香菇种植过程中,菌筒注水是一个必须重视的问题。菌筒注水太早会不出菇,太迟菌筒又会缺水,菌丝活力减弱,出的菇会偏小长不大。注水太重又会烂筒,太轻又不能补充水分难出菇。那么如何把握菌筒注水的早迟轻重呢?

香菇第一批菇有两种管理方法。一种是先出一批菇,然后再注水;另一种是先注水,然后再出菇。这两种方法的运用是由菌筒的轻重来决定的。菌筒如果还比较重,15 厘米×55 厘米的菌筒在 1.5 千克以上时,可以出一批菇后,再注水。菌筒如果较轻,15 厘米×55 厘米的菌筒在 1.25 千克以下时,可以先注水再出菇。

菌筒注水前,确认菌筒已生理成熟。否则即使注水也不会出菇,还可能会出现烂筒、烂心等问题,导致很大的损失。一般在头潮菇结束再养菌一段时间后注水。如果头潮菇时菌筒的水分不高,当菌筒出菇很多时,菌筒中仅有的水分被所长的菇消耗,就会严重缺水。此时一般菌筒在这潮菇快要结束时,就要及时补水,否则菌丝就会失去活力,菌筒就难较快恢复。

菌筒在第一次和第二次注水时,很容易吸水,不小心菌筒就会补水过重,影响出菇,甚至烂筒。所以在前两次注水时,水压不能太大,控制好水量。要控制好注水时间,减少注水针或用两根注水针注水,方便操作控制。菌筒注完水后的重量,一般恢复菌筒装袋重量的 80%即可。

140 香菇反季节栽培的主要生产模式有哪几种?

香菇也叫冬菇,一般只在秋、冬、春等低温季节出菇。在炎热夏季,只要人为创造达到香菇出菇的环境条件,香菇也能出菇,这种栽培模式一般称为反季节栽培模式。常见的反季节栽培香菇有以下几种基本模式:

(1)工厂化反季节栽培。主要是在工厂车间内,人工创造香菇适宜的温湿度环境条件,进行香菇生产,这种方式种植成本较高,不适合农户应用。

(2)高海拔地区栽培。主要利用高海拔地区夏季气温低,温差大,只要香菇菌筒培育成熟,夏季可以正常出菇。

(3)人工阴棚地栽模式。主要是通过搭建较高遮阴度的凉棚,再通过地表摆袋、喷淋凉水降温等措施,达到夏季出菇的目的。

(4)郁蔽林地反季节栽培香菇。主要是利用林地天然的低温凉爽环境条件。

 141 反季节香菇的栽培有哪些技术措施?

(1)季节安排。丘陵地区一般在 10 月下旬至翌年 1 月制袋,出菇期为 4—10 月。制袋时间要早,这样可提前出菇,抓住市场空档期上市。

(2)菌袋制作。首先要根据本地的气候特点选择适宜的优质、高产、抗逆性强,尤其是耐高温的品种,具体可向正规生产厂家或科研院所咨询。配料配方可以根据所选品种特性适当改变,装袋、灭菌、接种等在技术上跟常规栽培相同。

(3)菌丝培养。反季节香菇培养期正处在低温季节,所以管理的重点以保温通风为主,温度最好控制在菌丝生长的适宜温度,前期菌袋可密堆高码,留一定通风道,菌种成活接种口菌丝直径达 4 ~ 6 厘米时,及时进行翻堆,做到低堆稀码。菌丝在袋内生长过程中,须在接种口周围的菌丝圈内及时刺小孔,以补充菌袋中氧气,刺孔后注意通风,防止高温烧袋。

(4)菇畦建造。栽培场地应选择通风好、空气清新、水质优良、背西晒、昼夜温差大的田地,水源最好是井水、山溪水或水库底水,地势需较平坦且排水方便,交通便利。菇畦宽 1.3 米左右,长依照地势,畦面中间略高,便于排水,棚四周畦沟深 25 厘米左右,便于排水和流通。菇棚要高一些,柱高 3 米,埋地 0.5 米,棚高 2.5 米,棚顶盖物要厚,便于隔热降温,四周底部留 30 厘米左右做通风口。内棚覆盖薄膜方式多种多样,只要能确保菌筒通风和避雨即可。

菇畦清理干净后,按每千袋畦面用 6 千克漂白粉或 50 千克石灰水喷洒,2 ~ 3 天后再用杀虫剂喷施畦面,再覆盖薄膜 5 天,将膜揭开后洒上石灰水后即可排筒。

(5)排袋转色。先将菌袋排放在畦面以上。菌袋隆起瘤状物占表面积的 2/3 以上,接种口周围或其他部位转成棕黄色时方可进入脱袋管理。脱袋后菌筒人字形斜靠式排在畦面的矮桩上,也可以将菌筒平摆在畦面,四周用泥沙固定。脱袋要适时,太早菌丝未成熟,转色嫩,太迟袋内流黄水,会造成菌筒个别部位溃烂,导致感染病虫害。选择晴天或阴天上午进行脱袋,雨天、大风天、高温天不宜脱袋。脱袋后需要对菌筒保湿,最好方法是用洁净的井水或泉水实行微喷,即搭建微喷管道和喷带。

(6)出菇管理。反季节栽培一般要采用自然温差、干湿交替的方法进行催菇。为保护菌筒,促进多产优质菇,出菇太多的可疏去多余的菇蕾。

第一批菇一般在 4—5 月,期间气温由低向高,夜间气温较低,昼夜温差大,且是雨季,湿度大,对子实体分化有利。由于气温逐渐升高,应加强通风,把薄膜挂高,不让雨水淋菌筒。当第一批香菇采收束之后,放去畦沟水,并停止浇水,降低菇床湿度,让菌丝恢复生长,积累养分,待采菇凹陷处的菌丝已恢复长白,可灌畦沟水,并浇水刺激下一批子实体的迅速形成。

出菇中期为6—7月,为全年气温最高的季节,出菇较少,地栽香菇均靠自然气温生长,结合人为调控。中期管理以降低菇床温度为主,促进子实体的发生。一般喷淋山泉水或水库水,加大用水量,并增加通风量,防止高温烧菌筒。

出菇后期为8—10月,气温有所下降,菌筒已经经过前期、中期出菇的营养消耗,菌丝不如前期生长那么旺盛,因此这阶段的菌筒管理主要是注意防止烂筒和烂菇,适当补充营养。

(7)采收。根据市场需求,保鲜香菇的采收标准通常高于脱水菇,一般要求香菇5分开左右,菌幕尚未完全破裂时采摘。采后要清除残留的菇脚等杂物,防止杂菌感染。

142 林地反季节栽培香菇要注意哪些问题?

夏季反季节栽培香菇的前提是要创造一个适宜香菇生长发育的环境条件,选择自然条件优越的地方不仅减少投资,而且管理简便。大面积郁蔽的速生林是反季节栽培香菇的最佳场地,但要通风好,可以减少病虫害;交通方便,离公路近,可以降低运输成本,并利于鲜香菇的运出销售;靠近水源,水质要纯净,栽培场地还要配套有排灌系统,做到旱能浇、涝能排。

在栽培管理上还要注意以下几个方面:

(1)选择适宜的高温香菇品种。

(2)选择摆袋方式。林地反季节栽培香菇有多种形式,人字形斜靠式摆袋的为多数,也有覆土栽培。覆土栽培香菇,只需用竹竿扦插小拱棚,加上塑料薄膜与草帘即可,不需要其他设施。具体要根据实际的栽培环境条件灵活掌握。

(3)注意摆袋时机。一般在转色或正在转色时摆袋。摆袋需要脱袋时,注意轻拿轻放,不要将菌筒折断,菌筒之间应隔有1～2厘米的间隙,不能挨太紧。

(4)出菇管理期注意喷水和通风。菌筒脱袋后,要及时喷一次大水,可以降低环境与菌筒温度,补充菌筒水分,促进菌筒及早出菇。出菇期间每天要向菌筒喷3～4次水,以提高空气相对湿度,如大面积栽培,最好安装微喷雾化设施,既节省劳力又管理方便。

出菇期的喷水一般是在上午10点之前和下午4点之后,喷水后拱棚靠地处的塑料薄膜要打开,加大通风。夜间喷水后,草帘与薄膜均放在小拱棚架上,让香菇菌筒尽量接触夜间自然凉爽的空气茁壮成长。

(5)大面积速生林地郁蔽度较高的,只需小拱棚覆盖薄膜保湿,未完全郁蔽的林地需要加盖一层遮阳网或草帘,做到既保湿又可弥补未郁蔽遮阴的不足,为香菇生长提供良好的环境条件。

143　简易层架式塑料大棚反季节栽培香菇注意哪些问题?

简易层架式塑料大棚一般是用作正常季节的香菇栽培,作为反季节香菇栽培时,一定要注意以下几个问题:

(1)加厚遮阴棚密度。棚顶的遮阴棚要厚,要密,最好选用遮阳网加茅草的覆盖方式,这样即遮阴,又通风透气,夏季降温效果好。

(2)菌筒摆放层架不能太高。正常季节的层架出棚可摆放 7 ~ 8 层香菇菌筒,但夏季气温高,菌筒失水快,尤其放在高层的菌筒,失水过多会造成出菇困难。最好是靠地面只摆放 4 ~ 5 层为好。

(3)出菇管理期注意喷水和通风。注意喷水后的通风,防止喷水后盖棚太严,引起闷菌、烧菌和滋生霉菌。

(4)注意调换菌筒。由于夏季棚内上层温度高、湿度小,上层棚架的菌筒不易出菇,下层菌架由于光线暗等原因也不易出菇,所以在出菇中,须将上下层菌筒调换到中间层菌架上,将出过菇的中间层菌筒分别调换到上下层菌架上,出菇期视情况可经常调换。

(5)尽早采收,不能贪大。层架栽培的香菇,由于温度高香菇生长迅速,子实体易开伞,所以管理中,对香菇子实体要尽早及时采收,不可贪大。

144　反季节香菇如何进行覆土操作?

在低海拔地区,覆土栽培也是常用的反季节栽培模式之一。覆土土质要求疏松、不板结、保湿性能好和无杂菌、无虫害,可选用火烧土、煤灰土、沙质土,在烈日下暴晒 2 天,去碎石杂物,拌入 3% 的石灰粉。覆土操作时,先将土撒在畦面上,菌筒间缝隙和菌筒两端用土填满,菌筒上面部分不覆土,留干净一面无土长菇。菌筒两头用田泥封好。菌筒覆土后喷一次重水,同时,田间畦沟内引灌入流动的小溪水或山泉水、水库水,沟里灌水至离菌筒底部 5 厘米,最好每天换 1 次。一般菌筒覆土管理 1 周后会陆续长菇,要加强通风,每天喷水保持土壤湿润即可。

145　反季节覆土地栽香菇夏季出菇的管理要点是什么?

反季节覆土地栽香菇夏季出菇主要围绕创造适宜香菇出菇环境进行,具体要注意以下几点:

(1)调温。适当加厚阴棚覆盖物,最好在阴棚顶上加盖茅草,也可在外围种长藤蔓植物,既降温又增氧。可让冷泉水在畦沟中畅流,还可适当增加浇水次数,降低空间温度。中午前后可往阴棚喷水,以降低菇棚温度。

(2)调湿。菌筒覆土后,畦沟应保持一定的水位,菌筒含水率大时,水位宜低些,菌筒含水率小时,水位宜高些(不能浸到菌筒)。菌筒较干时,可将畦沟中的清水直接浇到菌筒上,一般每天浇1次,夏天、晴天可多浇些,冬天、雨天可少浇或不浇,有时还可排干畦沟水,进行干湿交替的管理,不能使菌筒长期过湿。最好进行微喷。

(3)调气。覆盖薄膜一般不应盖严,覆膜一般仅为挡雨,应确保通风,高温高湿季节更应加大通风,才能防止菌筒霉烂,延长出菇期,提高产量和质量。

(4)调光。最宜出菇的光线为"三阳七阴",夏季为降温调至"二阳八阴"。

(5)催菇。夏季高温出菇困难时,可用竹片绑塑料拖鞋轻轻拍打菌筒,能催菇,但催菇要注意掌握轻重,过重催菇会出菇太多太密,菇小而薄。

146 为什么反季节地栽香菇的菌筒面部不长菇而底部长菇?

一是菌筒转色不过关,菌皮厚硬,出菇困难;二是菇棚光照太强,菌筒表面晒干晒死;三是菇棚内湿度不够,菌筒表面干枯;四是棚内温度高,与此相对应的菌筒底部温湿度适宜反而可以长菇。预防此情况,需要在菌筒培养期就加强刺孔和翻堆管理,促进转色和成熟,对菌皮厚硬的菌筒敲打催菇;同时采取降温增湿措施,菇棚顶上加厚遮阴物,减少强烈光线照射,勤喷井水、泉水降温;沟畦里灌水要足,中午气温高,灌水可至菌筒底部,流动水降温。

147 反季节香菇烂筒症状有哪些?

反季节香菇烂筒,一般在出菇中后期菌筒营养消耗、菌丝不如前期那么旺盛时发病较多。表现为菌筒外观完好,但手压下陷,掰开后断面可见圈状灰斑,有粉末状物,腥臭味。菌筒局部早期出现白色粉末状物,中期发病部呈浅黑色,喷水后出现灰色湿斑,异常部位菌丝松散,后期逐渐扩大。也有感染黑斑病,该病蔓延速度较快,一旦侵染,则菇蕾根部变色停止生长,菇体萎缩变黄,严重的菇体附着黑色霉层,引起腐烂。菌筒菌皮松散,菌丝衰弱,豆腐渣状腐烂,该病蔓延速度较快,常引起整片散筒。

148 反季节香菇发生烂筒的主要原因有哪些?

(1)连续使用老菇棚。废菌筒清理不净,畦面排水不畅形成积水,排场前畦面和覆土时消毒不严。

(2)品种选择不当。品种抗性不强,不适宜夏季出菇。

(3)配料不当。菌筒装料偏松,杂木屑未干,软杂屑多;含水率不适,培养料偏酸,造成菌丝生命力弱,抗逆能力不强。

（4）发菌管理不科学。培养室条件差，通风不良，烧菌及黄水淤积造成相互感染。

（5）出菇管理不善。菇棚通风严重不足，棚顶遮阴不够，棚内湿度过高；脱袋后转色不匀，覆土方法不当，菌筒通气不良造成缺氧，畦沟间长期灌水，浇水过多，造成菌筒间积水，致使菌丝生命力下降。

（6）人工刺激过度，造成菌丝损伤，杂菌感染。有菇农盼菇心切。不根据菌筒本身生理成熟、气候情况，甚至在高温天气连续采取重拍打，使菌丝严重受伤，病菌乘虚而入导致烂筒。

（7）线虫侵蚀。由于覆土粒与喷灌水中有线虫，地栽香菇生产环境又正适宜线虫大量繁殖，便菌筒软化腐烂而减产。

149 防止反季节香菇烂筒的措施主要有哪些?

（1）适宜品种适宜季节栽培。选育适宜夏季出菇的品种，海拔 300 米以下地区宜在 10 月至翌年 1 月制菌筒，4 月即可出菇。

（2）培养健壮菌丝。杂木屑要求晒干，多用硬杂木或混合杂木屑，少用软杂木，并且杂木屑要略粗些；麸皮新鲜、无杂质。菌筒装袋要紧，含水率适中，pH 值 5 ～ 6 为宜。调节好培养室温湿度，保持暗光，减少温差，适时刺孔翻堆，定期通风换气，防高温烧菌，确保正常发菌。

（3）清理翻耕，严格消毒。为提高成品率，防止烂筒，增加效益，有条件的菇农要求每年更换菇棚。使用老菇棚的菇农务必要高度重视，要提前做好清理、翻耕、灌水工作，并撒施生石灰 0.075 ～ 0.150 千克 / 米²，进行杀菌和促进土壤通气。待排筒前半个月重新作畦，加铺一层中粗沙，用 1% 漂白粉喷施杀菌，并用杀虫剂杀虫。然后视菌筒成熟度，选择好天气分批出田排场。

（4）排场、转色、覆土。注意轻拿轻放排场，经排场（炼筒）后脱袋，促转色，待转色好后，用经过筛和消毒的覆土材料进行覆土。转色浅的菌筒出菇小、密，易感染杂菌和烂筒。

（5）加强田间管理，确保安全越夏。保持菇棚环境卫生和水源清洁。阴棚高 2.5 米以上，一般棚顶遮阴要严，四周底部可适当稀疏，加强通风。一旦出现绿霉，可用一定压力的净水冲去斑点，也可用浓度稍高美帕曲星溶液涂抹。菌筒无菇期应排灌结合，不可连续多日灌水，防止长期处于高湿环境，应坚持少量多次浇水原则。同时做好上部吊薄膜，防雨淋。

（6）实时催菇，科学管理。催菇拍打视气温高低灵活掌握，绝不能在高温下进行，以免伤害菌筒。高温期不要向小菇蕾喷水，高温高湿最易感染病害。当第一批香菇采收结束之后，放去畦沟水，并停止浇水，降低菇床的湿度，让菌筒菌丝恢复生长，积累养分，待采菇的痕迹（凹陷处）菌丝已恢复长白，再灌回畦沟水，并加强浇水刺激,促进下一批子实体形成。

(7)剔除感病菌筒,杜绝传染机会。发生烂筒病害后,要将病害菌筒移出棚外,焚烧或埋土处理,防止传染。同时控温控湿,加强通风,适当调低空气湿度。发病田面撒生石灰消毒,健康菌筒喷百菌清等杀菌剂,以杀死菌筒表面病菌。

总之,为使地栽香菇减少烂筒,必须坚持"适宜季节、合理配方、严格消毒、健壮菌丝、科学管理"的原则,才能达到优质、高产、高效。

 香菇袋栽脱袋出菇的技术要点有哪些?

香菇袋栽脱袋技术,可以提高劳动效率,减轻劳动强度,提高人均管理数量,还能降低生产成本,增加菇农的经济效益,而且出菇菇形好,脱袋栽培属自然长菇,朵形圆整,没有畸形菇,售价高,产量也有保障。与其他种植模式相比,脱袋栽培要注意以下几点:

(1)选择适宜的品种。用于香菇脱袋出菇的品种多为中低温型品种,生物学特性具易出菇、潮菇整齐的特性。

(2)脱袋出菇最好使用 17# 或 18# 菌袋,有利于菌筒保水和提高产量。

(3)菌筒转色适度。用于脱袋出菇的菌筒转色要好,应达到整筒转色均匀呈茶褐色为宜,茶褐菌皮既有一定的保水能力,又不至于过厚影响出菇。

(4)把握好脱袋上架的时机。首先菌筒要生理成熟,菌筒转色呈茶褐色,菌袋中有瘤状物(原基)的形成,一般在 70% 的菌筒出现菇蕾时脱袋上架。

(5)出菇湿度的调控。菇筒上架后,菇棚内必须维持最适的温度、湿度、新鲜空气和光照,要保持菇棚内温度在子实体生长温度范围内,最适为 15～20℃,空气相对湿度 85%～90%,一定的散射光和新鲜空气。湿度的调控仍遵循干湿管理原则。但菌筒进棚上架初期的 3～5 天要维持较高的湿度不让菇筒过快失水。同时菇棚的薄膜不能全部掀去,特别是有风或久晴无雨天气。须通风换气时,可酌情掀掉薄膜几小时。采完菇后及时给菌筒补水,促下一潮菇蕾形成。

 如何提高香菇冬季的产量?

冬季天气寒冷,香菇出菇少,主要是温度低引起的。所以只要通过管理调节,提高菇棚的温度就可促进香菇出菇。人工加温是一个很好的方法,但成本高,综合效益不高。在寒冷的冬天,要提高香菇产量,就必须围绕提高温度和保持温度来操作。白天充分利用阳光使大棚里的温度升起来,尽可能地贮藏最多的热量。夜里采取一切的保暖措施,把温度保持住,可以通过以下几个办法来促进冬季出菇。

(1)菇棚遮盖物更新。盖棚的塑料膜,要求每年一换。因为新的塑料膜透明、清澈,太阳透射性好,可使菇棚的温度快速上升。塑料膜外要加盖厚的草帘或保温被,可以在夜晚保温。菇棚塑料膜的下边要用泥土压好,以防棚外的冷气进去。

(2)操作管理上,每天太阳出来之后(一般上午9时之后),就要把草帘或保温被卷起,让阳光能最多晒进菇棚。当大棚温度升高时,大棚顶部的温度最高,此时注意观察,只要菌筒处的温度不超过28℃就不用通风。当下午放草帘或保温被之前,大棚里的菌筒要喷一次水,然后再放下盖好。

(3)在特别寒冷的冬天,菇棚上的草帘或保温被,应该在下午3时前就放下,把整个大棚盖好,因为此时大棚里的热量积蓄到了顶点,大棚里温度是最高的。

152 代料香菇栽培管理中如何综合防治病虫害?

(1)选用优质菌种。严防使用被杂菌污染的菌种。优质菌种可采用目测和培养的方法来确定,凡菌丝粗壮、外观洁白、打开后有香味,可视为优质菌种。有条件的还可接种培养观察菌丝活力。

(2)科学安排生产季节。必须根据香菇品种的特性安排生产季节。高温期接种,既增加污染率,又不利菌丝生长。必须夏季接种的,选择在午夜至次日清晨接种。

(3)搞好环境卫生。洁净的空气中杂菌孢子的数量就低很多,这是减少杂菌污染最积极有效的一种方法。菌筒生产、培育和出菇场所,均须做好日常的清洁卫生。定期用消毒剂喷雾消毒,废弃物和污染物及时烧毁,以防污染环境和空气。

(4)菌袋制作把好关。选用优质塑料袋,减少菌袋破损污染;科学配制培养料,切忌太干和太湿;拌料均匀一致,装料松紧适中,袋口要扎紧。灭菌要彻底,避免灭菌死角。

(5)接种严格无菌操作。接种室要严格消毒;做好接种前菌种消毒处理;接种工具要用火焰灼烧消毒;菌种尽量掰成大块,接种孔填紧填满;接种时要减少人员走动和交谈;及时清理接种室的废物,保持接种室内清洁。

(6)改善生长环境条件。杂菌发生快慢和轻重,在很大程度上取决于环境因子。温度、湿度等环境因子有利于香菇生长发育时,香菇菌丝活力旺盛,抗性强,杂菌就不易发生;反之,杂菌便会乘虚而入,迅速暴发。所以在日常管理上,尽量创造适宜于香菇生长发育的环境条件是一项很重要的预防措施。

(7)加强检查。培养室内菌袋排放不宜过高过密,防止高温菌丝受伤害,影响成品率。发菌期结合翻堆认真检查,发现污染菌袋随时取出。对污染轻的菌袋,可用5%苯酚溶液或95%酒精注射于污染部位,再贴上消毒胶布。对青霉、木霉污染严重的菌袋,划开菌袋,添加适量新料后重新装袋灭菌接种;感染链孢霉的菌袋,及时深埋。此外,还要防老鼠咬破菌袋。对污染废弃的菌袋要集中处理,千万不能到处乱扔,以免造成重复感染。

（8）出菇期，霉菌发生在菌筒表面尚未长入内部时，一般可用石灰水洗净其上的霉菌改变酸碱度，抑制霉菌生长。若霉菌严重，已长入料内，可把霉菌挖干净，然后再涂上石灰水。霉菌特别严重的菌筒，要拿到室外单独处理。

（9）袋料栽培中危害香菇的害虫主要为螨类和菇蚊类，培养室或栽培场要定期喷高效低毒农药预防，一旦发现及时用药剂控制。

153 香菇栽培中发生畸形菇的主要原因有哪些？

香菇子实体生长过程，常常出现粗柄菇、长柄菇、拳状菇、蜡烛菇等，这都是香菇的畸形变异菇，属于生理性病害。除了菌种低劣或被病毒感染之外，人为方面的主要原因有：

（1）品种选择不当。比如有些品种不适宜高海拔地区种植，如果误用，易出现遇低温不分化或萎缩不长等畸形菇。

（2）发菌管理不当。在菌丝体培育期间，遇温差或光照过强，刺激菌袋提早形成原基，菇蕾早现，受袋壁挤压无法正常生长，脱袋后第一批菇长成畸形。

（3）转色未完全。菌丝没有完全发育成熟，催菇后分化不好，菇形变异。

（4）菇棚通风透气差。二氧化碳浓度大，不利于原基分化，容易长畸形菇，已形成的正常菇蕾也会长成长柄菇。

（5）晚熟品种过早注水催菇。外界刺激促使原基提早分化，只长菌柄，不长菌盖。

（6）原基形成期外界温度过高或过低。高温品种在低温时分化，或低温品种在高温时分化，都容易出现畸形菇。

（7）环境温湿度不适宜。冬季气温低，受寒风袭击，正在生长的菇蕾就萎缩干枯或变异；相对湿度低于70%时，则会出现菇柄柔软或空心。

（8）化学药物影响。香菇菇蕾期对某些化学药剂敏感，可以产生药害导致香菇畸形。

154 香菇栽培中防止发生畸形菇的办法有哪些？

（1）了解种性，防止选种失误。栽培前必须先弄清菌种特性，因地制宜选用合适的品种，合理安排生产季节。

（2）菌筒培育要成熟，避免过早催菇。菌丝未生理成熟就催菇，变异菇就多。菌丝是否生理成熟要看菌筒瘤状物是否长满整个袋面的2/3以上，菌皮是否转为棕褐色，手握菌袋是否有松软弹性感，满足以上3个条件，还要看当前的气候条件是否满足该品种的出菇要求，只有全部满足才能开始催菇。

（3）出菇期，调控菇棚温湿度，尽量在适宜该品种的出菇范围之内。并经常通风换气，排出二氧化碳。

（4）及时补充水分。菌筒含水率低于40%时，菇小盖薄柄长，水分过多则很少出菇。一般以菌筒的重量比原来下降30%时，即可进行补水。

（5）催菇方法要适当。尽量采取温湿差催菇，少用振动催菇。振动催菇对菌筒刺激大，容易出爆菇和畸形菇。

（6）发现畸形菇尽早摘除，减少营养消耗。

155 代料香菇菇蝇发生的原因与补救措施是什么？

菇蝇是代料香菇最常见的虫害之一，因繁殖迅速，常带来病害交叉感染，危害较大，必须重视。

菇蝇大发生的原因主要有：

（1）环境恶化，杂菌种类多，虫口基数大。尤其有几十年香菇栽培历史的地方，菇农将废菌筒和下脚料乱堆乱扔，滋生了大量的病原菌和害虫。

（2）部分香菇品种发菌产生的气味容易吸引菇蝇。如同一个栽培场地，L135品种的菌筒更容易受菇蝇危害。

（3）环境适温高湿，适宜菇蝇暴发。尤其5—6月阴雨天气多，最适于菇蝇生长繁殖。

（4）防控措施不到位。发菌期间发现有虫没有尽早防治，后期集中暴发。

菇蝇发生后要积极采取补救措施：

（1）及时处理废菌筒及下脚料，保持环境清洁，减少杂菌和害虫的滋生。

（2）接种后在发菌期间，须定期用农用蚊香或敌敌畏熏杀害虫，严防成虫在菌袋接种口处产卵。也可悬挂杀虫灯和黄色粘虫板防治。

（3）在菌丝未长满菌袋前遭受菇蝇侵害，出现退菌或伴有竞争性杂菌感染的菌筒，一律划袋再加入1%石灰和一半新料后，重新装袋灭菌。

（4）菌丝长满菌袋后发现菇蝇侵入菌袋的，此时菌丝抗杂菌能力较强，可观察等待，等菌筒转色完成菌皮形成后再处置。此时对接种口出现霉烂的菌筒，刮去霉烂部分，直至露出白色健壮菌丝，并用石灰粉涂抹另行排放发菌，并在培养场所喷洒低毒高效的杀虫菊酯类药剂杀灭成虫。

（5）菌筒采用田间越夏的，越夏场所必须撒石灰粉或喷洒杀虫剂消毒杀虫，防止滋生线虫、螨类和菇蝇。菌筒越夏期间每半月用杀虫菊酯等进行喷雾，定期防治。

156 如何看待香菇工厂化生产？

香菇工厂化生产，从配料、制袋、灭菌、接种到养菌、出菇等全过程可实现自动化、标准化、规模化、周年化生产。目前国外有少量工厂化种植香菇，国内很少，有些地方曾尝试工厂化香菇种植，但因生产成本较高和香菇市场下滑等多重因素影响，香菇工厂化效益不理想。目前国内香菇生产也逐渐摒弃传统一家一户手工作坊式的生产模式，向设施化、规模化、机械化、周年化、集约化等方向发展，生产效率日渐提高，效益更好，与工厂化效果日趋接近，更适合我国当前国情。香菇工厂化种植自动化程度更高，极大降低对人工经验的依赖，更易于实现香菇全程机械化操作，更大程度提高劳动效率。香菇工厂化生产终将是香菇产业发展的方向和未来。

六、黑木耳栽培技术

 黑木耳的栽培方式有哪些？

黑木耳主要有段木栽培（图7）和代料栽培（图8）两种栽培方式。代料栽培又分为地栽、吊袋栽培和床架栽培，其中地栽是最简便、最经济的。

图7 黑木耳段木栽培

图8 黑木耳代料栽培

158 温度对黑木耳生长有何影响？

黑木耳属于中温型菇类，它的孢子萌发温度在 22～32℃，以 30℃最为适宜；菌丝体在 6～36℃均可生长，最适温度 22～32℃，在 5℃以下、38℃以上受到抑制；子实体在 15～32℃均可分化为子实体，最适温度 20～28℃。

159 光照对黑木耳生长有何影响？

黑木耳属于中强光菌类。菌丝生长期对光照要求不严格，多在黑暗或弱光条件下培养。子实体分化阶段要求散射光，子实体膨大、生长期需要大量散射光和一定强度的直射光。

160 水分对黑木耳生长有何影响？

黑木耳喜欢温暖潮湿的气候，菌丝生长期，要求空气相对湿度 60%～70%；子实体分化期，要求空气相对湿度 85%～90%；子实体生长期，要求空气相对湿度 80%～90%；适宜的培养料湿度为 60%。

161 空气对黑木耳生长有何影响？

黑木耳为好气性真菌，在栽培中需要大量通风，露地全日光喷雾栽培很好地满足了黑木耳的好气性要求。

162 酸碱度对黑木耳生长有何影响？

黑木耳菌丝适宜在微酸性环境中生长，能在 pH 值为 4.0～8.0 的环境中生长，最适宜 pH 值为 5.0～6.5。

163 适合南方的黑木耳栽培方式有哪些？

有段木栽培、代料露地全日光间歇喷雾栽培、林下栽培。

164 适合南方的丘陵地区的黑木耳袋栽季节怎样安排？

根据南方丘陵山区的气候特点，黑木耳系中温型食用菌，如果进行春、秋两季栽培，制种季节遇到高温高湿，则会因杂菌污染而导致失败。因此，秋耳袋栽可提早到 6 月上旬制菌袋，待菌丝长满袋后，置阴凉（不超过 30℃）、干燥、黑暗处越夏。在秋季气温降至 25℃时，开袋出耳。春耳袋栽，可安排在 1 月或 2 月初制袋，4 月中旬开袋出耳。这样，可避免高温制种的危险。

165 适合黑木耳段木栽培的树种及规格是怎样的?

目前黑木耳段木栽培常用的树种为栓皮栎、枹栎、麻栎、浆栎、千年桐、拟赤杨和枸树等,此外还有榆树、枫杨香、刺槐、白杨、悬铃木、柳树、桑树等,其中以栓皮栎、麻栎为最好。适宜树龄为 8 ~ 12 年,直径 6 ~ 15 厘米较好。

166 黑木耳品种的选择注意哪些事项?

品种选择一般要依据当地气候条件,根据不同栽培季节,选择优质、高产、抗逆性强、市场需求大的适宜品种。

(1)根据生育期选择适宜品种。

(2)根据市场需求选择适宜品种。

(3)根据栽培地区选择适宜品种。

167 黑木耳菌袋养菌培养的方法是怎样的?

菌袋培养期间,应直立式摆放在架上,袋间应留有适当的距离。菌袋培养期间培养室应保持适宜的温度和湿度。接种后 7 天内,培养室温度控制在 25 ~ 28℃,7 ~ 15 天培养室温度降到 22 ~ 24℃,15 ~ 35 天培养室温度降至 20 ~ 22℃。35 天以后培养室温应控制在 18 ~ 20℃。培养 35 ~ 45 天菌丝长满培养料,可将培养室温度保持在常温。整个培养期间空气相对湿度保持在 65% 左右,室内光线要控制暗些。每天视天气或者温度情况通风 1 ~ 2 次,保证培养室内空气清新。同时要注意防鼠、防虫,菌袋培养期间应定期检查,观察生长情况,及时剔除感染杂菌或不合格菌袋。菌袋培养期间,若发现袋内有黄、红、绿、青等颜色的斑块即为杂菌,应及时清理。对污染严重的菌袋,特别是橘红色链孢霉感染的要立即隔离,在远处深埋或烧毁,以免蔓延和污染环境。经过 45 ~ 50 天的培养,菌丝满袋后再适当培养 10 ~ 15 天,使菌丝充分吃料,集聚营养物质,提高抗污染能力,然后移入栽培场进行出耳管理。

168 出耳场地准备工作有哪些?

袋栽黑木耳的栽培场地应选择清洁平整、通风良好、阳光充足、靠近水源的地方。场地选好后,做成宽 1.2 米左右的畦(长度因地形而定),畦间留 0.5 米宽的走道。疏松、整平畦面土壤,清理干净杂草,再喷洒杀虫剂、杀菌剂和除草药剂,以杀灭畦上害虫和杂草。畦面最好铺少量谷壳或稻草,也可用地膜打洞后铺畦,以防下雨天泥沙粘耳。

代料黑木耳的划口与催芽关键技术有哪些？

（1）划口。划口方式有 V 形口、圆形小孔及一字形孔、锯齿孔等，以 V 形口和圆形小孔为主，采用专用工具或机器划口。V 形口的边长 2.0 ～ 2.5 厘米，角度 45°～ 55°，深度 0.5 厘米，呈品字形分布。短袋栽培时每袋划口 12 或 15 个，底部 V 形口距地面 5 ～ 6 厘米。小孔出耳的最佳出耳密度为孔间距 1.5 ～ 2.0 厘米、孔径 4 ～ 6 毫米、孔深 0.5 厘米。

（2）催芽。包括场地准备（做床、消毒杀虫、地膜覆盖、遮阴避雨大棚等）和集中催耳。集中催耳期，由划口到形成珊瑚状的黑线，期间保持床面湿度 80%～ 90%，温度 15 ～ 25℃，以 18 ～ 23℃最佳。

 黑木耳栽培的雾灌设施应该怎样配置？

雾灌设施由干、支、毛三级高压聚乙烯塑料管微型雾化喷头及管件组成，干管直径 40 ～ 50 毫米，支管直径 25 ～ 32 毫米，毛管直径 10 ～ 12 毫米。干管连接水源垂直于支管，支管垂直于栽培床，毛管（一般长为 15 米）平行于栽培床，悬挂在其上部。雾化喷头间距 1.5 ～ 2.0 米，安装在毛管上面，喷雾时使耳干受水均匀，或者直接安装微喷管。

出耳管理关键技术有哪些？

（1）温度。由珊瑚状原基长至 2 ～ 3 厘米，开始伸出小耳片。这个时期要保持温度 15 ～ 25℃，以 18 ～ 23℃最佳。至耳片生长阶段所需温度为 15 ～ 28℃，若自然环境过低，可覆盖草帘保暖，温度过高地区需要遮阴降温。

（2）湿度与水分。水分管理遵循的原则是通过间歇喷雾进行"见干见湿，干湿交替"管理，并且要根据天气状况灵活控制。一般傍晚和清晨喷水增湿，晴天、高温天多喷，阴天、低温天少喷。

（3）光照。露地栽培出耳阶段的光照主要取决于自然光，当光照过于强烈时，可采用覆盖遮阳网来遮光。

 黑木耳段木栽培关键技术环节有哪些？

耳场的选择与清理→耳树的选择→砍树→剔枝→截段→架晒与消毒→人工接种→定植成活→排场→耳木成熟度检查→起架管理→采收。

七、平菇等侧耳属品种栽培技术

 173 侧耳属品种食用菌包含哪些常见的种类?

侧耳属品种主要包含了大家熟知的平菇(图9)、红平菇、姬菇、榆黄蘑(图10)等。虽然子实体形态和栽培方法有所差异,但多数与平菇类似。以下解答以平菇为例。

图9 平菇

图10 榆黄蘑

 温度对侧耳属品种生长有何影响？

平菇是变温结实性真菌，在适当的温差刺激下有利于原基形成。菌丝的生长温度为 5～34℃，最适温度为 27℃左右。子实体的生长温度因不同品种有所不同，最适温度均在 8～20℃。在这个范围内，温度越低，子实体生长越慢，但菌肉越厚实，品质越好。

 水分对侧耳属品种生长有何影响？

平菇菌丝生长发育阶段，培养料中含水率为 60%～65% 较宜，过低菌丝生长缓慢或停止，子实体不能形成，过高菌丝往往因氧气不足停止生长，以致培养料酸败造成污染。平菇子实体生长时期空气相对湿度为 85%～95%，低于 80% 原基难以形成，子实体生长缓慢。过高则引起菌盖变色腐烂，导致病害发生。

 空气对侧耳属品种生长有何影响？

平菇是好气性菌类，菌丝生长和子实体发育阶段都需要新鲜的空气。子实体的形成和生长时期对二氧化碳的浓度非常敏感，二氧化碳浓度不能超过 0.06%。通风不良，二氧化碳浓度过高会导致菌柄增长，菌盖发育不良，形成畸形菇。

 光照对侧耳属品种生长有何影响？

平菇在菌丝生长阶段不需要光照，在完全黑暗、温度恒定的条件下菌丝生长得最好最快。这主要是因为光波中的蓝紫光对平菇菌丝有抑制作用。原基分化和子实体生长需要一定的散射光。光照的作用是诱导出菇和使菌盖发育，在适当的光线照射下，子实体菇体粗壮，菌肉肥厚，色泽自然，产量高。光照强时菇盖色深，光照弱时菇盖色浅，但寒冬栽培可以强光照射。

 侧耳属品种的栽培方式有哪几种？

（1）生料栽培平菇。就是培养料拌好后就进行装袋、接种，然后进入发菌。

（2）发酵料栽培平菇。采用堆料发酵技术能杀灭大多数的杂菌和虫害，栽培料的理化性状也得到改善，使菌丝更快速、更茁壮地生长，这是目前普遍使用的一种栽培平菇的方法。

（3）熟料栽培平菇。类同于制作三级种的过程。优点是原料广、成功率高、受季节性影响小，适合反季节、工厂化、专业化栽培。缺点是成本高、劳动力需求大，更需要有相关的灭菌、消毒、接种设备。

179 侧耳属品种生料栽培的关键技术有哪些？

（1）原料必须新、杂菌相对量要少。

（2）pH值适当要高，抑制杂菌的生长。

（3）添加适量的杀菌剂，最大程度保证较小的杂菌污染率。

（4）最好进行堆料发酵。

（5）接入的菌种量要大，促进菌丝更快地长满培养料。

（6）生产环境有较低的温度。

180 侧耳属品种出菇期菇房的管理要点是什么？

在出菇期，菇房管理工作以保湿为主，同时给予散射光，提供新鲜空气，使原基尽快全面生成。幼菇期应缓慢加大通风量，以防长腿菇的出现。每天轻喷 1～2 次水保持菌盖湿润即可。幼菇成形后生长速度加快，对不良环境的抵抗能力也逐渐加强，对新鲜空气和水分的需求量也加大，每天要多次长时间的通风和逐渐加大补水量。

181 侧耳属品种对栽培原料有哪些要求？

（1）培养料要新，无霉变，无污染，晒干、防雨淋。

（2）培养料以复合料为好，养分全、透气性好，有利于菌丝生长，确保高产。即使是单一的使用一种主料如玉米芯，也要注意料的粗、细比例。

（3）料、水比例要合适。

182 侧耳属品种栽培过程中会出现哪些不正常的现象？如何处理？

（1）菌袋出菇后小菇大批死亡。有时菌棒出菇后，小菇大批变黄发软，基部变粗，继而枯萎腐烂成为死菇。原因：温度过高、通风不畅或培养基过干，空气相对湿度过低；相反可能喷水过多，湿度大，使小菇体易致水肿，而后变黄溃烂，引起病菌感染死亡。处理措施：遮阴降温，并加强通风换气管理；水分湿度适宜，每次喷水要做到少、细、勤、匀，幼蕾时切忌向菇体直接喷水。

（2）部分料袋只有一端长菌丝。在一个料袋的两端接入同一菌种，往往只有一端菌丝生长良好，另一端则菌丝萎缩死亡。原因：一是灭菌灶建得不合理，冷凝水不能沿灶壁回流入锅，却不规则地流入一部分袋口内，使此端培养料吸水太多，抑制了菌丝生长；二是料袋紧靠锅壁排放，锅装水太满，相互间空隙太少，使蒸汽循环受阻，冷凝水从灶壁流入靠一端的袋口，造成此端培养料过湿，影响菌丝生长受阻。处理措施：一是灶顶砌成圆拱形，使冷凝水沿灶壁回流入锅；二是料袋排放应与灶壁间有一定距离,以免进水;三是料袋不要排得过挤,以加速蒸汽循环,提高灭菌效果;四是单用橡皮筋或线绳扎口的料袋,菌丝定植后要把扎口松开一些增加通气量,最好采用塑料颈圈,盖纸封口,避免因缺氧而造成菌丝死亡;五是料袋中部应打一孔,将菌种(尤其是麦粒种)直接接入孔内,避免菌种与塑料袋直接接触,防止袋壁冷凝水浸死菌种。

(3)菌丝长满袋后迟迟不出菇。有的菌袋,菌丝生长十分旺盛,但菌丝长满袋后迟迟不出菇,有的经 2 ～ 3 个月仍不现蕾。原因:一是菌种选择不当,春末夏初栽培了中低温型品种;二是培养料的碳氮比不适宜;三是在母种扩接时,气生菌丝挑得过多,使原种、栽培种产生结块现象,则会严重影响子实体形成;四是菌丝长满后,在温度较高、空气湿度较低的情况下,过早地打开袋口,使表面形成一层干燥的厚菌膜,使菌蕾不能分化。处理措施:春末夏初应栽培高温型平菇品种。如栽培了中低温型平菇品种,应将料袋两头扎紧,待秋季温度降低后再进行出菇管理。

(4)料袋中间出现大量菇蕾。原因:一是装料不紧密,料与袋之间有空隙;二是灭菌时压力过大,胀破料袋或使料袋鼓起;三是装料或搬运中料袋刺破;四是菌丝生长阶段培养环境不适,如温差过大、光照较强、空气湿度较高等,均会促使料袋中部产生子实体原基。处理措施:一是装料时要边装边压实,外紧内松,使培养料与袋壁紧密接触,不能留空隙;二是装料搬运要小心,避免料袋破损,蒸料后要缓慢放气;三是创造适宜菌丝发育的环境条件,培养室应进行遮光,保持温度恒定,相对湿度维持在 70% 左右。菌种培养室和出菇场地要分开。

(5)出现烧菌现象。原因:烧菌是菌丝生长环境内的温度过高,如培养室温度达 30℃ 以上时,就超出了菌丝生活力范围,室温达 40℃ 时,菌棒就会发生烧菌,造成菌丝死亡。处理措施:培养室内应保持恒温发菌,温度不能超过 30℃。当培养室内温度超过 30℃ 时,要及时翻堆、通风降温。为避免发生烧菌现象,夏季栽培最好在凉爽的室内进行,菌袋以单层排放为好,袋中插一支温度计,以观察料温变化。若温度较高,应及时向地面上洒些冷水,打开门窗进行通风等,采取降温措施。须指出的是培养料内温度一般比室温高 3 ～ 5℃,应引起注意。

(6)菌丝未满袋出菇。原因:菌丝培养阶段环境条件不适宜,如培养料过干或过湿;装料时压得太紧;培养基内营养成分差;光照过强;温差太大;酸碱度不适宜;菌种菌龄太老等使菌丝生活力减退。处理措施:一是创造适宜菌丝生长发育的最佳条件,包括配料、含水率、酸碱度、温度、光照等,都要适合于营养生长的需要;二是选择优质、洁白、粗壮和生活力强的菌种。

(7)培养料变酸发臭。培养料装袋灭菌接入菌种之后,料内会散发出一股酸臭味,影响菌丝生长。原因:一是培养料不够新鲜和干净,带有大量杂菌,特别是用了陈料,在消毒灭菌不彻底的情况下,由于料内的各类霉菌大量繁殖滋生,使培养料酸败,便产生一股难闻的酸臭味;二是拌料的水分过多,料内氧气供应不足,使嫌气细菌和酵母菌趁机繁殖,导致培养料腐烂变质;三是菌丝培养阶段,由于料袋重叠,料温增高,使杂菌生长速度加快;四是麦粒菌种与料袋紧密接触,由于袋壁冷凝水浸泡麦粒,使菌种腐烂;五是料内氮素营养过高,与加入的石灰起化学反应,产生氨臭。处理措施:一是栽培前要选好原料,采用新鲜、干净、无霉变、无结块的培养料,拌料前在日光下暴晒 2 ～ 3 天;二是拌料时控制水分,勿过干过湿,棉籽壳和水之比以 1∶1.3 ～ 1∶1.4 为宜,其他作物秸秆加水量以 1∶1.4 ～ 1∶1.5 为好,水中加入 0.1% ～ 0.2% 的多菌灵或甲基托布津等杀菌剂;三是酸臭味过重的培养料,应及早从袋内倒出,加入 2% 石灰水进行调节,使 pH 值达 7.5 左右,含水率达 60% 左右,重新播种栽培;四是如氨气过重,可加入 2% 的明矾水拌匀除臭,也可喷洒 10% 的甲醛配合溶液除臭;五是培养料如已腐烂发黑,只能作为优质肥料入田而不能用于栽培。栽培场地散布的臭味,可喷撒除臭剂除去。除臭剂配方是:硫酸亚铁 5 份,硫酸氢钠 95 份,磨成粉在常温下充分搅拌即成。

 畸形菇发生的原因有哪些?

(1)子实体原基分化不好,形似菜花状。形成原因主要是出菇室通气不良,二氧化碳浓度大。

(2)子实体菌盖小而皱缩,菌柄长且坚硬。形成原因主要是温度高、湿度小且通气不良。

(3)幼菇菌柄细长,且菌盖小。形成原因主要是培养基营养不够,通风不良和光线弱。

(4)子实体长成菌柄粗大的大肚菇。形成原因主要是温度高、通气不良和光照不足。

(5)幼菇萎缩枯死。形成原因主要是通风不良、湿度过大或过小。

(6)平菇菌盖呈蓝色。形成原因主要是一氧化碳等有害气体的伤害。

 怎样防止死菇?

(1)死菇原因。①温度过高:无论何种温型的平菇,只要出菇温度超过上限 3℃以上就会出现大量死亡。②湿度过低:出菇后空气相对湿度若低于 80%,小菇就会因菇体水分急剧蒸发而萎缩死亡。③通气不良:菇房或阳畦中通气不良,二氧化碳浓度迅速提高,超过 0.5% 时就会形成大如拳头或柄粗盖小的大脚菇;二氧化碳浓度更高时,幼菇窒息死亡。④喷水过多:子实体喷水过多,菇体易致水肿,而后变黄溃烂,也易引起病菌感染而死亡。⑤营养不足:使一些幼小菇蕾饥饿死亡。

(2)防治办法。①因地因品种适时下种,避开高温季节出菇。②出菇现蕾后,控制空气相对湿度在 90％左右。③随着子实体长大,应加强通风换气,特别是高温时期,更要注意通风,确保空气新鲜。④掌握喷水量,控制空气湿度,注意喷水方法,主要是经常往地面及墙壁上洒水,尽量避免直接往菇体上喷水。⑤控制光照,避免阳光直射菇体。⑥在平菇栽培中避免不同品种混播,因为不同品种所要求的生长条件有差异,混播给管理带来困难。同时,不同品种混播在一起会产生拮抗现象,相互侵占"地盘",大大影响产量。

八、羊肚菌栽培技术

 185 目前国内适合人工栽培的羊肚菌品种主要有哪些？

现在国内适合人工栽培的羊肚菌品种主要为六妹羊肚菌（图11）、七妹羊肚菌和梯棱羊肚菌三个品种。

图11　六妹羊肚菌

 186 如何认识羊肚菌菌种选育的重要性？

羊肚菌菌种选育的关键在于其遗传的不稳定性，容易发生改变，导致种植失败。所以任何羊肚菌菌种必须经过严格观察比对和试验栽培后方可进行商业推广。

 187 羊肚菌生长发育条件是怎样的？

（1）营养条件。羊肚菌属真菌的生态类型还没有一个准确定性。但目前广泛人工栽培的品种属于腐生型真菌。可以直接利用葡萄糖、蔗糖、乳糖等简单糖类成分作为碳源，利用酵母粉、蛋白胨、小麦、玉米粉等作为氮源。同时还可以利用尿素等无机氮源。在培养料中还可以加入磷酸二氢钾、石膏等矿物质促进菌丝生长。

(2)环境条件。①温度:羊肚菌属低温型真菌。菌丝在 5 ～ 25℃均能生长,菌丝生长最适温度为 12 ～ 20℃,而子实体最适宜温度为 8 ～ 15℃。②水分与空气湿度:羊肚菌属于喜湿性真菌。菌丝生长土壤含水率一般为 15%～ 25%,子实体生长时土壤含水率一般为 20%～ 30%。菌丝生长期间空气相对湿度 50%～ 60%,出菇期间空气相对湿度 85%～ 90%。③光照:羊肚菌菌丝生长不需要光照,强光对菌丝生长有抑制作用。子实体生长过程中,不能阳光照射,应用遮光率80%以上的遮阳网遮光。④酸碱度:羊肚菌生长的适宜 pH 值略高于一般真菌。土壤的酸碱度 pH 值为 7.0 ～ 8.5。⑤空气:羊肚菌属于好气性真菌。在生长发育过程中需要消耗大量的氧气放出二氧化碳,所以在羊肚菌生长过程中要有足够量的氧气才能促进羊肚菌子实体的生长。

188 羊肚菌栽培季节怎样安排?

羊肚菌属于低温型菌种,根据当地气候条件,选择环境温度低于 20℃进行播种。例如在湖北、四川等地当年 10 月下旬至 11 月中旬播种,翌年 4 月下旬采摘结束。春季地温达到 5℃开始催菇,8 ～ 15℃为最佳出菇温度,温度达到 20℃难以出菇。

189 不同的海拔高度对羊肚菌栽培有影响吗?

不同的海拔高度羊肚菌播种时间不同,海拔越高,气温越低,播种时间要提前。羊肚菌出菇期:海拔越高,出菇时间越迟,但出菇期越长,产量越有保障。

190 羊肚菌菌种的高产配方有哪几种?

(1)杂木屑 40%,小麦 40%,稻谷壳 10%,腐殖质土 7%,生石灰 1.5%,石膏 1.5%。

(2)杂木屑 30%,小麦 30%,麸皮 17%,棉籽壳 10%,腐殖质土 10%,生石灰1.5%,石膏 1.5%。

(3)杂木屑 40%,小麦 25%,玉米粉 15%,稻谷壳 10%,腐殖质土 7%,生石灰1.5%,石膏 1.5%。

191 羊肚菌栽培关键环节有哪些?

(1)土壤处理。对栽培土壤杀虫、杀菌、调酸碱度的处理。先用高效低毒杀虫、杀菌的农药对栽培场地进行喷洒,再按每 667 平方米 75 千克的生石灰用量撒到栽培场地,对栽培场地进行深耕、暴晒。若是生土,在整厢前每 667 平方米放入复合肥 10 ～ 20 千克,再放入一些腐殖土或腐质叶。

(2)搭建菇棚(避雨栽培模式)。菇棚架材料可以是钢架、水泥架、竹棚架等,遮阳棚高 3.0 ～ 3.5 米,上面先覆盖避雨塑料膜再盖遮阳网,遮阳网的遮光率要求达到 80% 以上。

(3)起畦。畦宽 80 ～ 120 厘米,高 25 厘米(不沥水的田适当高一些)。

(4)播种。每 667 平方米田菌种用量 350 ～ 400 袋,播种方式可以用穴播、行播、撒播。播种后立刻用土稍稍掩盖,然后用黑色塑料地膜覆盖,并在地膜上用木棍打孔透气。

(5)放置和撤离营养袋。一般情况下,播种后 10 ～ 15 天,当菌床上长满白色的像霜一样的分生孢子时开始放置营养袋。羊肚菌栽培过程中,二次营养的加入是羊肚菌人工栽培成功的关键。营养的配方是:麦粒 40%,谷壳 30%,草粉 20%,麸皮 10%。每 667 平方米田放置营养袋的数量是 1 500 袋左右。每袋间隔 20 ～ 30 厘米。营养袋的撤离时间不能机械认为多少天就可撤离,要根据菌丝在营养袋吃料的情况,在菌丝将营养袋里的麦粒吸收完后就可撤离。如果营养袋没有感染杂菌和虫害,在羊肚菌整个生长期也可不撤离。

(6)菌丝生长管理。在整个菌丝生长过程中,做到雨后及时排水、干旱及时补水。水分管理要保持地表面的土粒不发白,使土壤湿度保持在 20%～ 25%。土壤太干,菌丝生长缓慢;土壤太湿,则土壤中缺乏空气,菌丝体无法生长,导致绝收或者减产。如果立春前长期少雨,可喷 1 ～ 2 次大水,用水量 5 ～ 10 千克/米²。若有杂草,及时清理。

(7)催菇、出菇管理。2 月底至 3 月初,气温逐渐上升。在温度基本稳定,达到 6 ～ 10℃时进行一次重水调节。用水量 10 ～ 15 千克/米²,沙性土壤可进行一次灌水。空气湿度控制在 85%～ 90%,土壤水分为 65%～ 75%。早晚掀棚通风,进行温差刺激。子实体生长阶段新陈代谢旺盛,需氧量较多,应根据温度情况适时掀帘通风。

192 羊肚菌栽培过程中放置营养袋的目的是什么?

放置营养袋的目的是对土壤中的羊肚菌菌丝体进行外源营养的补充,以增加产量。配方与栽培种培养料配方相同。将已灭好菌的外源营养袋侧边划口或者打排孔后,将开口(开孔)方向接触厢面均匀平铺在菌床上,使土壤中的羊肚菌菌丝与营养袋的培养料直接接触。

193 羊肚菌高产栽培关键因素是哪些?

一是菌种,菌种的质量和用种量;二是南方地区的避雨栽培模式;三是栽培过程中各个环节认真管理到位。

194 羊肚菌播种后的管理技术有哪些?

（1）水分和温度的管理,调整适宜羊肚菌菌种生长的水分在55%～60%,温度最好控制在10～22℃。

（2）播种7～10天后"菌霜"出现,即无性孢子大量出现后,进行外源营养袋的添加。

195 羊肚菌出菇前的催菇技术是怎样的?

当春季低温上升到5℃以上时进行催菇处理:菌床喷洒大量出菇水,使土壤含水率为20%～30%;对菇棚进行空间喷水,提高空气湿度至85%～95%;加大棚内通风,使昼夜温差大于10℃,刺激出菇。

196 羊肚菌出菇期的管理环节有哪些?

温度适宜的时候,羊肚菌菌丝开始分化,这时要做好保育工作。土壤内部或覆土层表面扭结形成原基,原基比较脆弱,似豆芽粗细,浅白色。随着幼嫩子囊果形成和发育,应注意空气湿度和控制温度,可以给一次比较重的水分,时刻保持表层土湿润,适量通风。10～15℃羊肚菌子实体发育最快,应严防23℃以上的高温高湿天气和低于5℃以下的倒春寒天气,这两种天气不利于羊肚菌的生长,若管理不到位将导致产量严重下降(图12)。

图12 羊肚菌大田栽培

197 羊肚菌生长过程中何时采摘比较合适？

当第一茬羊肚菌子实体菌盖长至 10～15 厘米,菌盖表面的脊和凹坑分明,肉质厚实有弹性时即为成熟,须及时采摘。采摘时一只手捏住菌柄基部,另一只手用小刀从菌柄基部将子实体切下,同时将杂物削去,轻放在干净的篮子内。第二茬、第三茬随着营养成分的减少适当在小一些的时候采摘比较适宜。采收标准：①早期菇采摘菇帽以 5～7 厘米为宜。②中期菇采摘菇帽以 4～5 厘米为宜。③尾期菇采摘菇帽以 4.0～4.5 厘米为宜。

198 羊肚菌病虫害防治方法有哪些？

（1）病害。一是竞争性杂菌,在羊肚菌的生产过程中由于菌种、土壤和环境等因素,往往会出现杂菌侵染。常见的有木霉、曲霉、根霉、毛霉、链孢霉、细菌以及鬼伞等。二是致病菌,由于羊肚菌的栽培是在大田进行,极易受到土壤真菌的侵染,常见的致病菌有疣孢霉病、盘菌等。三是非侵染性病害因气温高引起的形态不正常,如尖头菇、圆头菇,高温引起的死菇,湿度太大引起羊肚菌成菇或者幼菇倒伏和腐烂。

（2）虫害。在羊肚菌的生产过程中常见的虫害有蛞蝓、跳虫、螨类、甲壳虫和蛆等。菌丝与子实体生长都会发生病虫害,以预防为主,保持场地环境的清洁卫生。播种前进行场地杀菌杀虫处理,后期如发生虫害,可在子实体长出前喷施虫菊或10%石灰水予以杀灭。

九、灰树花栽培技术

 灰树花生产季节如何安排?

灰树花是中温型品种,可以栽培两季。春季 1—3 月制栽培袋,4—6 月割口第一次出菇,气候变热暂不出菇,在下半年 10 月可覆土脱袋再出菇;秋季 7—8 月制栽培袋,9—11 月第一次割袋出菇,气候变冷时暂不出菇,翌年 4—6 月气温回升时又可覆土脱袋再出菇直至 6 月底。海拔较高的地区视温度可提前制袋栽培。

灰树花的栽培方式有哪几种?

主要有袋式栽培(图 13)、仿野生栽培和工厂化栽培三种。因仿野生栽培生物学效率可达到 70%～90%,故一般种植者采取仿野生栽培方法比较多。近几年多采用菌棒式栽培二次出菇技术,即先排袋划口出菇,然后再覆土脱袋出菇以提高产量。

图 13　灰树花袋式栽培

201 栽培灰树花对原料树种有什么要求?

原料树种为阔叶树木屑,切不可以混入针叶树木屑。木屑无霉变、无虫蛀、无结块。

202 灰树花菌丝和子实体对温度有什么要求?

灰树花菌丝在 5～32℃ 均能生长,最适温度为 20～26℃,原基形成温度为 18～22℃。子实体菌盖生长最适温度为 15～25℃,而且温度相对恒定。

203 灰树花菌丝和子实体生长阶段对湿度有哪些要求?

灰树花栽培基质中适宜含水率为 60% 左右,菌丝生长阶段空气相对湿度以 68% 左右为宜,子实体生长阶段空气相对湿度须达到 90%。

204 空气对灰树花子实体生长有什么影响?

灰树花在子实体生长阶段对氧气需求较高,菌丝生长阶段按一般要求即可。子实体发育阶段若氧气不足,通风不够,易出现畸形菇,不开片,甚至出现点状的白色霉烂。

205 酸碱度对灰树花生长有什么影响?

灰树花菌丝适宜在 pH 值 5.5～6.5 的基质上生长,常规配置的培养料基质均能满足灰树花生长发育要求,一般不需要特殊调整。

206 灰树花的高产配方有哪些?

(1)杂木屑 40%,玉米芯 20%,麸皮 15%,玉米粉 15%,糖 0.8%,石膏 1.2%,细土 8%。

(2)杂木屑 38%,棉籽壳 30%,麸皮 7%,玉米粉 15%,糖 1%,石膏 1%,细土 8%。

(3)杂木屑 34%,棉籽壳 34%,麸皮 10%,玉米粉 10%,糖 1%,石膏 1%,细土 10%。

(4)杂木屑 55%,稻草 10%,麸皮 18%,玉米粉 10%,石膏 1%,磷肥 1%,细土 5%。

207 灰树花出菇场地有什么要求?

灰树花出菇场地要求是通风、阴凉、易于保湿的室内出菇房和室外塑料大棚。出菇棚温度要求在 15～20℃,空气相对湿度为 85%～90%。室外塑料大棚要求为两层结构,外层为遮阳网,内层为塑料膜。菇棚长 20～25 米,宽 6～9 米,高 3.0～3.5 米,棚外四周挖 50 厘米深的排水沟。棚内先整成 90～120 厘米宽的畦面,再在畦中间挖宽 80 ～ 120 厘米、深 20 ～ 25 厘米的阴畦,用于排放菌棒。

灰树花养菌期管理关键技术有哪些?

(1)温度。初期(接种后至菌丝生长 1/4)25 ～ 28℃,中期(菌丝生长 1/4 至走透)23 ～ 25℃,后期(菌丝走透后)22℃。

(2)湿度。初期 60%,中期 65%,后期 70%。

(3)通气。前期不需要换气,后期需要换气,注意控制二氧化碳浓度。

(4)光照度。初期、中期以暗培养为好,如果在这期间常光照射,袋面会变成浅褐色,原基形成迟缓,甚至不能形成原基,前期光照度 10 ～ 50 勒克斯,后期光照度 50 ～ 100 勒克斯。

(5)翻堆。接种 10 天后进行第一次翻堆,20 天后进行第二次翻堆,剔除受杂菌感染的菌棒,并采取通风降温的措施,以免烧袋闷堆。

灰树花室内袋栽出菇管理关键技术有哪些?

栽培袋在 20 ～ 25℃的室内培养 50 天左右,料面上的菌丝开始集结,向上爬升形成隆起。此时进行光照,大约 7 天之后,隆起就会从灰色变为黑色的灰树花原基,其中有一部分再隆起成块状,不久其表面出现皱褶(组织分化),分泌黄色液滴,此时是开袋出菇的适期。仔细观察原基,当原基上形成水滴,先是雾状水滴,然后再聚成大粒水滴,不久水滴消失,此时转入出菇管理最为适宜。培育合格菇体的关键,是从发菌室移向出菇室时的原基状态,它比出菇室的条件更为重要。所谓原基状态,不单指原基大小,重要的是它所处的生育阶段,如果进入出菇室前已形成肥大的原基,且已开始菌盖分化,以后就很难长成壮硕的菇体。总之,进入出菇室时原基必须尚未分化,其表面刚由光滑状态转为粗糙状态(出现棱角)。

灰树花有易形成原基的特性,接种 50 ～ 55 天后将形成大量原基,消耗养分而导致菇体发育缓慢。欲获高产,须抑制原基的过早过多形成,尽可能发足菌丝积累营养。办法是采用黄光灯抑制灰树花原基的形成,可使 50 ～ 55 天形成原基的菌床推迟到 60 ～ 65 天后才形成原基,大体可推迟 20 天左右,单产可增加 15%～ 20%。

将长原基的菌袋移入出菇室,将菌袋平放在培养架上,保持室内温度 15 ～ 25℃,空气湿度 80%～ 90%,光照度 200 ～ 500 勒克斯。菌袋向上面用小刀以十字形或圆形在灰树花原基上方划开口子,覆纸,纸上喷水,每天通风 2 ～ 3 次,每次约 1 小时。3 ～ 5 天后,子实体逐渐生长,当菌盖充分展开,菌孔伸长时采摘。

在室内采摘一次菇后,再在室外进行覆土出菇,提高菌棒的产量。

210 **灰树花仿野生栽培生产技术环节有哪些?**

用木屑作培养基的栽培菌袋,菌丝满袋后,脱去塑料袋,将菌棒整齐地排列在事先挖好的畦内,菌棒间留适当间隙,在菌棒缝隙及周围填土,表面覆上 1 ～ 2 厘米的土层,这是灰树花仿野生栽培。

其主要技术环节为:选择地块、挖地坑(做菌畦)、保墒消毒、排放菌棒、填缝隙、灌水、搭阴棚、铺砾、出菇管理。

211 **灰树花二次出菇管理技术是怎样的?**

(1)一茬割口出菇管理技术。①割口管理:在适宜出菇的温度(20℃左右),将经过 10 ～ 20 天菌丝后熟的菌棒从养菌室搬到出菇场地,进行割口出菇,每个菌棒割一个口。方法一:选择菌棒中部菌丝生长浓密的地方用小刀划一个直径为 1.5 厘米的圆形口子;方法二:挖出菌棒中间一个接种口的菌块,并割去周边少许培养基,作为出菇口。②出菇环境控制:割口后将菌棒平放在畦内或者出菇房的层架上,并及时放下菇棚的塑料膜或者在菌棒上覆塑料膜,保持棚内空气相对湿度为 80% ～ 90%,温度 15 ～ 20℃,在适宜条件下一般经过 15 ～ 20 天即可出菇。

(2)二茬覆土出菇管理技术。灰树花菌棒覆土前要对菇棚地表以及覆土用土进行杀虫和杀菌处理。首先清理菇棚内及四周的杂草,喷洒菊酯类农药和杀菌药进行杀虫杀菌处理,其次在棚内和周边撒生石灰,生石灰用量为每 100 平方米 25 千克,覆土土壤应选用沙性土,土壤颗粒在 1 厘米左右,土壤处理应在菌棒覆土前 7 天进行,覆土前调好土壤的水分,覆土厚度为 5 ～ 10 厘米,覆土后 15 ～ 20 天即可出菇。

212 **灰树花的采收标准是怎样的?**

当灰树花子实体菌盖充分开片分化,呈不规则半圆形,以半重叠形式向上和四周伸展生长,形似花朵,颜色由白色变成浅褐色,整体达到七八分熟时,即可进行采收。

213 **灰树花如何采摘?**

灰树花采摘时,用小刀将整朵灰树花子实体从基部割下即可;也可以用手握住整朵子实体,轻轻将整丛子实体从菌袋上扭下。灰树花朵形松散,脆嫩易碎,应小心轻放。

214 **造成灰树花畸形的原因有哪些?**

灰树花畸形菇多是由于环境不协调造成的,如原基变黄、萎干、不分化,是由于通风大、湿度小造成的；小散菇是由于通风小、缺少光照造成的；菇盖形如小叶、分化迟缓的鹿角菇和高脚菇是由于通风不畅、湿度过大造成的；黄肿菇是由于水汽大、通风弱或高温造成的；白化菇多是由于光照弱造成的；焦化菇是由于光强、水分小造成的；原基不生长，多是由于覆土厚、浇水过勤、浇冷水造成温度低，生长缓慢所致；薄肉菇是由于高温、高湿、通风不畅、菇体不蒸发造成的；培养基塌陷是由于高温、不通风以致菌丝体死亡造成的。

215 如何提高仿野生栽培灰树花的品质？

提高仿野生栽培灰树花的品质必须光、温、水、气协调管理。在不同的季节、不同的时期和不同的天气情况，以及栽培管理条件，抓主要方面，但不能忽视以致偏离次要方面的极限，还需要通过改变任何一种生长因子的措施来创造对其他因子的需求条件。如雨天增加通风达到出菇的湿润条件，干热时通过增加遮阴减少高温伤害；每天早晚揭帘晾晒，可与通风、喷水同时进行等。（图 14）

图 14　灰树花仿野生栽培

216 灰树花排袋出菇和再覆土出菇栽培技术环节是怎样的？

（1）排袋出菇。挑选出原基长大、水珠较多的菌袋，在菌袋向上的一面用小刀作"十"或"O"形切破袋膜，排放在发生室的层架上，增加漫射光亮度，控温 20℃左右，室内相对湿度增至 90%～95%，做好细雾常喷，同时加强通风换气，室内始终保持空气清新。整个管理关键在于保湿和通气。经过半个月左右的管理，子实体逐渐长大，从脑状至珊瑚状并出现幼小朵片和覆瓦状重叠，从切口处长出，条件适宜越长越大，菌盖颜色由深变浅，菌盖下白色子实层逐渐发育出现菌孔，上翘的菌盖逐渐平展即标志着子实体已成熟。原基发生至采收需 15 ～ 20 天。也可在室外阴棚或香菇棚内栽培，棚内做成床畦，事先进行彻底杀虫、消毒，而后将菌袋口旁切破排放在床畦上，建好拱棚覆盖薄膜保湿，拱棚两端薄膜不封严，喷水时应揭膜通风，棚内光照控制七分阴、三分阳。温、湿、气要求与上述相同。

（2）覆土出菇。①菌床选制：栽培床须选在光线充足、空气新鲜、通风良好的室内或室外场地，可用地床栽培，也可采用层架式床栽。为增加菌床的通透性，床层间距离拉大至 0.8 ～ 1.0 米，每架 3 层为宜。室外高棚层架须架设阴棚并覆遮阳网及其他覆盖材料，棚四周开排水沟。菌床选制后须彻底打扫和交替用杀虫、杀菌剂喷雾杀灭害虫和杂菌。②开袋排放：经过排袋出菇的菌袋，用小刀在菌棒中部袋壁纵割长 20 厘米、宽 10 厘米的切口，以破膜为度，然后将切割后的菌袋上、下两层整齐排放在床（畦）上，菌袋破开部须上下、左右紧密贴实，以便各菌袋内的营养相互输送。菌袋与菌袋之间的缝隙用沙土填实，最后将整个菌床表面覆盖一层 5 ～ 10 厘米的沙土。③覆土调水：经排袋填土后，随即将经消毒处理的田土或腐殖土（颗径约 0.5 厘米）覆盖在床面上，厚约 2 厘米，以盖没原基为度。然后用喷雾器打循环水，要求少量多次，1 ～ 2 天内将土层湿度调至手捏土成块且不粘手为度。最后覆盖一层 1 厘米厚经切短成 2 厘米长的湿稻麦草或谷壳保湿。④出菇管理：室（棚）内控温 20℃ 左右，见土表发白即喷水，相对湿度保持 90%，增加漫射光，10 ～ 15 天土面形成幼嫩的子实体，菌盖重叠生长，此时应多向空中喷雾加湿，忌向幼嫩子实体喷水，同时加强通风换气，当菌体长大约八分熟即可采收。除上述覆土方式外，也可采用袋口覆土，即将无棉盖体除去后，离料面 4 厘米的袋膜剪掉，将土覆盖在袋口料面及原基上，然后排放在床（畦）上，控制温、湿、气、光等即可。

217 灰树花初加工方法是怎样的？

（1）保鲜加工工艺流程。原料→子实体分拣→清洗→初分级→0 ～ 4℃预冷排湿→分级包装→0 ～ 4℃冷藏→运输→出售。

（2）烘干加工。采用间接式热烘干机烘干可以达到食品级的卫生安全质量要求，烘烤方法一般从 40℃ 开始烘烤，每小时提高 2 ～ 3℃，持续 4 小时可达到 50℃，再持续 3 小时可达到 55℃，最后升温到 60℃ 保持 30 分钟即可。

（3）腌制加工工艺流程。原料→鲜菇检查→鲜菇清洗→预煮→冷却→漂洗→腌制→翻池添盐→称重包装→出售。

十、草菇栽培技术

 草菇栽培季节如何安排?

草菇(图15)是高温型菇类,适宜在夏季栽培。为了使草菇在播种后能正常出菇,栽培季节应选择在日平均温度23℃以上进行,这样有利于菌丝的生长和子实体的发育。南方利用自然气温栽培的时间是阳历5月下旬至9月中旬,北方地区以6—7月栽培为宜。

图15 草菇

 草菇的栽培方式有几种?

草菇的栽培方式主要有室外栽培和室内栽培。室内栽培又包括地面堆草栽培、床架栽培、代料栽培。

 草菇菌种的特性有哪些?

按子实体颜色不同,有黑草菇和白草菇两大品系;按个体大小分为大型种、中型种和小型种。优质草菇菌种菌丝为透明状、银灰色、分布均匀,菌丝较为稀疏,有红褐色的厚垣孢子。草菇是高温型品种,其菌种不耐低温,如较长时间保藏在10℃

以下的环境菌丝会失去活力,甚至死亡。所以,它不能像其他品种食用菌种一样利用冰箱保藏。

 草菇栽培对温度和湿度有哪些要求?

(1)温度。草菇属高温菌类,菌丝生长的温度范围是 10 ~ 42℃,最适温度是 28 ~ 32℃,10℃时停止生长,高于 45℃或低于 5℃,草菇菌丝就会死亡。草菇的菌种不能放冰箱里保存,以免冻死。草菇子实体生长的温度范围是 22 ~ 40℃,最适温度是 28 ~ 32℃。平均气温在 23℃以下,子实体难以形成。培养料温度低于 28℃,子实体形成受到影响,低于 25℃时子实体难以形成。气温在 21℃以下或 40℃以上以及突变的气候,对小菌蕾有致命的影响。子实体对温度突变极为敏感,12 小时内料温变化 5℃以上,草菇易死亡。

(2)湿度。草菇是一种喜高温高湿环境的菌类。只有在适宜的水分条件下,草菇的生长发育才能正常进行。水分不足,菌丝生长缓慢,子实体难以形成;水分过多,引起通气不良,容易死菇,杂菌也容易发生。培养料的最适含水率是 70% 左右,菌丝生长阶段最适空气湿度是 80% 左右,子实体生长阶段空气相对湿度要求在 90% 以上。

 草菇菌丝和子实体对新鲜空气分别有什么要求?

草菇是好气性真菌,足够的氧气是草菇生长的重要条件。如氧气不足,二氧化碳积累太多,会使子实体受到抑制甚至死亡。杂菌也容易发生。因此,在栽培草菇的管理过程中,要注意通风换气,保持空气新鲜。但也要注意保湿,必须正确处理通风与保湿、保温的关系。

 草菇菌丝和子实体对光照分别有什么要求?

草菇担孢子的萌发和菌丝的生长均不需要光照,阳光直射反而会阻碍菌丝体的生长。而光照对子实体的形成有促进作用。子实体的形成需要一定的散射光,最适宜光照强度为 300 ~ 350 勒克斯。光照的强弱不但影响草菇的产量,而且直接影响草菇子实体的品质和色泽。光照强时,子实体颜色深而有光泽,子实体组织致密;光照不足时,子实体暗淡甚至呈灰白色,子实体组织也较疏松;没有光照时,子实体白色。强烈的直射阳光对子实体有严重的抑制作用,露地栽培必须有遮阴的条件。

 草菇菌丝和子实体对酸碱度分别有什么要求?

草菇是一种喜欢碱性环境的真菌。草菇菌丝生长最适 pH 值是 7.8 ~ 8.5,子实体生长的最适 pH 值是 7.5～8.0。酸性的环境对菌丝体的生长发育均不利，而且容易受杂菌的感染。栽培时，一般通过添加石灰来调节 pH 值，添加量一般为干料重的 5% 左右，使 pH 值达到 10.0～12.0。随着菌丝的生长，pH 值会逐渐下降，到子实体形成时，pH 值在 7.5 左右，正好适合草菇子实体的生长发育。

225 草菇生产周期的特点是什么？怎样抓住季节合理安排生产？

草菇生长周期短，生长速度快，从播种到采收只需要 2 周左右（10～14 天），18～20 天为一个栽培周期。草菇一个栽培周期时间构成：菇棚菇床的整理和消毒 1～2 天，培养料处理 2～3 天，播种到采收 10～14 天，清理菇棚下脚料 1 天。与采收多潮比较，采收一潮菇能缩短栽培时间，增加栽培周期次数，提高菇棚的利用率，增加经济效益。草菇在自然条件下的栽培季节，应根据草菇生长发育所需要的温度和当地气温情况而定。通常在日平均气温达到 23℃ 以上时才能栽培。南方利用自然气温栽培的时间是 5 月下旬至 9 月中旬。以 6 月上旬至 7 月初栽培最为有利，因这时温度适宜，又值梅雨季节，湿度大，温湿度容易控制，产量高，菇的质量好。盛夏季节（7 月中旬至 8 月下旬）气温偏高，干燥，水分蒸发量大。管理比较困难，获得高产优质草菇难度较大。广东、海南等省在自然气温条件下栽培草菇，以 4—10 月较适宜。北方地区以 6—7 月栽培为宜，利用温室、塑料棚栽培，可以酌情提早或推迟。若采用泡沫菇房并有加温设备，可周年生产。

226 草菇传统室外栽培有哪些技术要点？

草菇传统室外栽培技术要点为：①菇床的建造。②培养料的选择。③堆草和播种。④发菌管理，控制温度、控制空气湿度和菌堆的水分、通风换气。⑤出菇阶段管理。

227 草菇的采收和后期管理要点是什么？

草菇从菌丝体扭结发育成为子实体到死亡，仅生存 10 天左右时间。一般播种后 4～6 天开始出现菇蕾，这时候要降低温度到 28～32℃，增加空气湿度到 90%，适当通风，菇蕾经过 4～5 天可长至鹌鹑蛋大小，色泽由深变浅，菌幕紧包菌盖或菌幕稍脱离菌柄时应及时采收。草菇子实体生长速度很快，一般每天早晚各采收一次。草菇每茬采收结束后及时清理床面并消毒，用 5% 石灰水涂刷菌床、墙壁和栽培架，并停止通风，提高棚内温度，促进第二茬菇发生，一般可采 2～3 茬菇。

228 草菇现代室内床架式栽培有哪些技术要点？

草菇现代室内床架式栽培技术要点如下：

（1）根据菇房大小设置床架，一般长 2～3 米，宽 1 米，层距 60～70 厘米。

（2）连同工具等置于室内，对室内喷洒高效低毒的杀虫剂杀虫，用高锰酸钾加甲醛熏蒸进行杀菌处理。

（3）培养料的处理和堆制方法与室外堆制法相同。

（4）料上床后，前 3 天的料温仍然控制在 50℃左右，当料温降至 30～32℃时进行播种，多采取穴播和撒播，播种量占栽培料的 10％左右。

（5）发菌管理。

（6）出菇管理。

229 草菇原料的来源和要求是什么？

发展草菇可以利用农副产品如棉籽壳、稻草、甘蔗渣、玉米秸秆等栽培原料，要求新鲜、干燥、无霉变、无变质、无病虫害感染，并在生产前暴晒 2～3 天，以麦麸、米糠、玉米粉等作氮源辅料，要求无霉变、无结块。

230 草菇栽培最重要的环节是什么？

草菇栽培最重要的环节是草菇生长期的管理，包括菌丝生长期管理和生殖生长期管理，主要控制好菇棚的温度、湿度、通风和光照。菌丝生长期菇棚温度应保持在 30～33℃，空气湿度保持在 80％左右，适当通风换气；生殖生长期给予一定的光照，促进子实体的形成，菇棚的温度保持在 28～32℃，空气湿度保持在 85％～90％，加大菇棚的通风量，以促进草菇的生长。

231 草菇传统室外栽培与现代室内床架式栽培主要区别是什么？

草菇室外栽培具有投资少等优点，但受外界气候条件的影响较大。一是不能进行周年生产，二是因为草菇是恒温型菌种，对温度的变化非常敏感，温度的增高和降低，都会对草菇的产量有较大影响；室内栽培草菇可以不受外界气温的限制，而更有利于人为控制温、湿度及通风条件，这样既能保证草菇生长发育的最佳条件，又能适应现代商业的需求，促进草菇栽培技术的发展。

十一、竹荪栽培技术

 竹荪的栽培品种有哪些?

竹荪的栽培品种主要有长裙竹荪、短裙竹荪、棘托竹荪(图16)和红托竹荪,主要分布在北半球温带至亚热带地区。目前人工种植的大多数品种为棘托竹荪,其具有抗逆性强、栽培原料广泛、生产周期短、管理粗放、产量高等特点。

图16　棘托竹荪

 竹荪的栽培季节如何安排?

竹荪属高温型菌种,出菇温度在28～32℃,也就是说在夏季出菇最为适宜。栽培季节一般分春、秋两季,即从11月至翌年3月都可以。具体掌握两点:一是播种期气温不超过28℃,适于菌丝生长发育;二是播种后2～3个月菌蕾发育期,气温不低于10℃,使菌蕾健康发育成子实体。南方地区竹荪套种作物,通常为春播,惊蛰开始堆料播种,清明开始套种农作物,北方地区适当推迟。

234 竹荪对原材料有哪些要求？

栽培竹荪的原料来源广泛，各种竹、木、枝丫碎屑及农作物秸秆、谷壳、山上芦苇等野草均可利用。栽培竹荪的原材料要求新鲜无霉变，栽培前进行暴晒，用高效低毒的杀虫、杀菌药进行杀虫和杀菌处理。生料栽培的原料不须蒸煮杀菌，只要把竹、木等原料切碎成 5～10 厘米长，晒干。选择何种材料可根据当地当季的资源条件来决定。原料在使用之前最好进行预处理。

235 竹荪出菇前需要覆土吗？

出菇前竹荪需要覆土。竹荪在菌丝生长阶段，没有土壤发育仍然良好，但到生殖生长阶段即竹荪球分化阶段，没有土壤，竹荪球就无法形成，这可能与土壤的物理作用（镇压与机械刺激）和土壤中微生物及微量元素的作用有关。覆土后菌丝供氧不足，被迫向土层伸长，有利于形成子实体。因此，覆土是竹荪栽培中必不可少的重要条件之一。

236 竹荪菌丝和子实体生长对温度的要求是什么？

棘托竹荪是高温型菌类，菌丝生长温度为 15～33℃，最适温度为 26～30℃。子实体形成温度为 22～32℃，最适温度为 27～29℃。

237 竹荪菌丝和子实体生长对水分和空气湿度有些什么要求？

湿度包括培养基含水率、土壤含水率及空气相对湿度三个方面。菌丝生长阶段，要求培养基含水率达 65%～70%，空气相对湿度 75%～80%。子实体形成要求空气相对湿度 90% 左右，覆盖的土壤含水率不低于 25%。

238 竹荪对新鲜空气的要求是怎样的？

竹荪菌丝生长和子实体发育都需要足够的新鲜空气。棘托竹荪的生长对培养料的通透性要求非常高，在培养料中要加入一定比例的粗料，提高透气性，否则菌丝难以生长。覆土以呈团粒状结构的腐殖质土壤为宜，也需要通透性比较强，黏土和易板结的土不宜使用。

239 光照对竹荪有什么影响？

竹荪菌丝生长阶段在无光条件下生长良好，有光照会抑制菌丝生长速度。子实体生长发育阶段需要有一定的散射光。适当的光照刺激能促进原基形成，栽培棚以七分阴、三分阳为宜。

240 酸碱度对竹荪有什么影响？

竹荪在偏酸性的生活环境下生长良好。菌丝生长阶段培养料的 pH 值以 5.5 ～ 6.5 为宜，pH 值大于 7.5，生长受阻。子实体出菇发育阶段 pH 值以 5.0 ～ 6.0 为宜。

241 竹荪对栽培场所有什么要求？

栽培场所一般选择水源方便、背风、土壤疏松不易板结的场所，可以与果树或其他作物套种。栽培前应翻松土壤，日晒，最好拌入木屑、谷壳等，以提高透气性（图17）。

图 17　竹荪畦式栽培

242 对竹荪栽培原材料应进行一些怎样的处理？

栽培竹荪的原材料要求新鲜无霉变，栽培前进行暴晒、用高效低毒的杀虫、杀菌药进行杀虫和杀菌处理，原料在使用之前最好进行前处理。

（1）石灰水浸泡。将原材料置于水池中浸泡，并加入 3％～ 5％的石灰，浸泡 24 ～ 48 小时。

（2）堆料发酵。浸泡后捞起沥干，含水率为 60％～ 70％，加入 1％左右的碳酸钙和 3% 的饼肥就可开始堆料发酵,堆料发酵一般要求翻堆 3 次。若采用蔗渣、棉籽壳、玉米芯、野草、黄豆秆、谷壳、花生秆、油菜秆等秸秆类栽培,可按上述比例的石灰水泼进料中,闷 10 ～ 24 小时后即可使用。另外在发酵过程中,应添加 1% 左右的碳酸钙。使用发酵料,减少杂菌污染,提高菌丝生长速度。

243 竹荪高产培养料的配方有哪几种?

常用的配方:

(1)杂木片 10%,碎木块 10%,竹梢头 10%,秸秆 60%,竹枝叶 5%,木屑 5%。

(2)杂木片 30%,碎木块 10%,秸秆 30%,竹枝叶 20%,木屑 10%。

(3)杂木片 50%,碎木块 30%,竹梢头 5%,竹枝叶 5%,木屑 10%。

244 竹荪铺料和播种的方法是怎样的?

用层播法铺料播种。先在床面铺料 5 厘米厚,用点播或撒播法播种,上面再铺 10 厘米厚培养料,稍加压实后,再播一层菌种,上面再铺 5 厘米厚培养料,压实后,盖树叶残渣,即可覆土。畦四周覆土 5 厘米,畦表覆土 2 厘米,加盖薄膜,保温保湿。每平方米用种 1 ～ 1.5 瓶(袋),种块不能太碎,以蚕豆粒大小为宜。

245 竹荪发菌管理关键技术是什么?

播种后的管理主要是做好保温保湿和通风换气工作。春季播种气温低、雨水较多,要求盖塑料膜避雨栽培。控制料温在 20℃ 左右。床面发白,则要适当喷水,保持床面覆土层湿度。正常温度下 35 ～ 50 天菌丝可长满床面,菌丝经过培养不断增殖,吸收大量养分后形成菌索,并爬到覆土层。此时,加大床面湿度,不使床面覆盖的芒萁或茅草等干燥,待菌丝布满床面开始直立时,再降低温度,保持一周不喷水,促使菌丝倒伏,形成原基。

246 竹荪出菇管理关键技术有哪些?

(1)菌球期的管理。索状菌丝形成后,经温差刺激和干湿交换刺激,可在覆土层形成大量原基。经过 10 ～ 15 天原基发育成小菌球。菌球形成后管理关键技术是保湿和通风,要求维持空气湿度为 85%～ 90%,温度不超过 32℃,每天视温度情况决定通风时间及长短。

(2)子实体形成期的管理。当菌球从扁形发育成蛋形期时,管理关键技术就是维持床面空气相对湿度(85%～ 90%),同时增加光照,以利于诱导菌球破口。每天根据天气情况及床面的干湿度决定喷水的量和次数,以土壤湿度在 25% 为佳,即用手捏土壤会扁但松开后手不黏的状态。随着菌球发育菌球多在清晨 5—6 时破口,菌柄破口伸出后,其伸长速度非常迅速,只需要几十分钟其伸长长度就可达到 10 ～ 20 厘米。30 ～ 60 分钟后,菌裙从菌盖下端开始向下放裙,此阶段的关键技术就是要保持空气相对湿度 85％左右,否则菌裙撒放速度很慢,甚至一直不放裙。空气相对湿度高菌裙的开张角度大,反之则小,影响产品的商品性。

247 竹荪采摘的时间和方法是怎样的?

当竹荪菌裙达到最大张度时就可采收,否则 30 分钟后就开始萎蔫、倒伏。由于竹荪成熟期较为一致,难免使部分污绿色孢子液粘到菌裙上,影响产品的等级。生产过程中常在竹荪未撒裙的时候就开始采收。采收时,用小刀切割菌托基部的菌锁,不能用手强扯,否则易使菌柄断裂,采摘后去掉菌盖和菌托,若菌裙上有污绿色孢子液则用水冲洗干净。如果采收的是竹荪蛋,采后马上用小刀切去菌盖顶端 2 ～ 3 毫米,再在盖上轻轻切一纵刀,剥掉菌盖上污绿色组织,置于筐里,保持较高湿度,由于后熟作用,菌裙依然会放裙。

十二、灵芝栽培技术

灵芝药用有哪些功效？

灵芝（图18）以子实体和孢子供药用，具有滋补、健脑、消炎、利尿、健胃等功能。近代医学证明：灵芝对治疗慢性支气管炎、消化不良、冠心病、心绞痛、心律失常、神经衰弱、肝炎、糖尿病、高血压、高脂血症、溃疡病、白细胞减少症等有效。现代药理研究证明：它所含有的灵芝多糖、灵芝酸、腺苷、有机锗，有镇

图18　灵芝

静、镇痛、抗惊厥、降血脂、镇咳、祛痰、保肝解毒、抗缺氧、增强免疫力和抗癌作用。

人工栽培的灵芝主要有哪几种？

目前人工栽培的灵芝有赤芝、紫灵芝和薄盖灵芝，还有少量的鹿角灵芝（图19）。

图19　鹿角灵芝

250 灵芝生长发育所需的条件有哪些?

(1)营养。包括碳营养与氮营养及矿物质元素和维生素。

(2)温度。菌丝在 4～38℃ 均能生长,25～28℃ 菌丝生长最佳;子实体在 18～30℃ 均能分化,24～28℃ 长势良好,27℃ 左右发育最好。

(3)水分和湿度。代料栽培培养基含水率以 60% 为宜;接种后菌丝培养阶段空气湿度以 60%～70% 为宜,子实体发育的出芝管理阶段,空气湿度以 85%～90% 为宜。

(4)空气。灵芝是好气性菌类,无论是菌丝培养阶段还是出芝管理阶段,都要注意通风,排除二氧化碳,通风不良会阻碍菌丝的正常生长;出芝阶段通风不良,会导致灵芝分化不好,灵芝发育不良,造成畸形灵芝,但鹿角灵芝和刻意造型的除外。

(5)光照。灵芝菌丝培养阶段不需要光照;子实体分化、发育阶段需要散射光,才能促进灵芝的正常分化、发育。灵芝有向光性,注意调整灵芝棚内光线均匀一致。

(6)酸碱度。灵芝要求培养基呈微酸性状态,一般 pH 值以 5.5～6.5 为宜。

251 灵芝的栽培方法有哪几种?

灵芝的栽培因培养料的不同,分为原木栽培和人工配制培养料的代料栽培两种;按栽培场地分,有室内栽培和室外大田阴棚内的覆土栽培;按盛装容器不同,有瓶栽和袋栽。具体采用哪种方法,应根据需要因地制宜。

252 人工栽培灵芝最适宜的树种有哪些?

人工栽培灵芝选择落叶阔叶树。最佳树种为壳斗科的栎类,如麻栎、栓皮栎、青冈栎等,其次有金缕梅科的枫香、蚊母树等,大戟科的乌桕、山乌桕等,桦木科的桦木、鹅耳枥等,桑科的桑树、榕树等,铃木科的悬铃木,榆树科的榆树,段树科的苦楝,蔷薇科的苹果梨等。

253 温度对灵芝生长有什么影响?

灵芝是高温型菌类,人工栽培灵芝一般安排在春、夏、秋,利用自然气温栽培。担孢子萌发的温度为 24～26℃,菌丝在 9～35℃ 下均能生长,以 25～28℃ 最为适宜,温度低于 6℃ 或高于 36℃ 时生长极为缓慢,子实体在 18～30℃ 均能分化发育,24～28℃ 长势良好,27℃ 左右发育最好,在 18℃ 以下,子实体不能形成。灵芝子实体生长的温度和菌丝生长的温度相近,这对栽培灵芝有利。灵芝原基形成和子实体生长阶段不需要温差刺激,温差过大容易长成鹿角形、鸡爪形、圆球形等畸形灵芝。

 湿度对灵芝生长有什么影响？

据试验比较，在人工栽培灵芝的过程中，如果空气相对湿度持续低于 60%，灵芝子实体顶端就会停止生长，即使立即增加空气相对湿度到 90%，也很难恢复生长。菌丝培养阶段，空气相对湿度保持在 60%～70% 为宜，子实体生长发育阶段保持在 85%～90% 为宜。

 新鲜空气对灵芝生长有什么影响？

灵芝是好气性菌类，人工通风不良，造成二氧化碳积累到 0.1% 以上时，会影响灵芝子实体的分化，形成畸形灵芝：菌柄长、盖小或者长成球形、鸡爪形、鹿角形。二氧化碳在 10% 以上时，子实体不能分化。

 光照对灵芝生长的影响是怎样的？

灵芝的菌丝体生长不需要光照，强光会抑制菌丝的生长。子实体生长发育阶段需要适量的散射光，光照过强或过弱不利于子实体的生长。据试验：照度在 3 000 勒克斯以上时，子实体发育正常；照度在 1.5 万～5 万勒克斯时，子实体粗壮，生长迅速。灵芝生长有向光性，栽培时要调节环境光线一致。

 酸碱度对灵芝生长的影响是怎样的？

灵芝适宜在偏酸性基质中生长。培养基的 pH 值在 5.5～6.5 为宜。

 灵芝室外栽培怎样选择场地？

灵芝室外栽培场地，宜选择在海拔 300～800 米，夏季最高气温在 35℃ 以下，坐西北朝东南、水源方便、土壤为疏松肥沃偏酸性沙壤土的农田、人工林地、果园等地。场地选好后，要提前耕犁翻晒、耙平，并起好排水沟。

 灵芝栽培季节是怎样安排的？

我国灵芝栽培大部分利用自然温度栽培，因此灵芝栽培季节选择主要依据灵芝子实体自然发生的季节及栽培方式而定。5—10 月，平均温度在 10～29℃，是野生灵芝自然发生的季节，因此，可以选择 5—10 月出芝，具体接种期应依据栽培方式而定，如果选择代料栽培，可以选择 2 月下旬至 3 月上旬制作栽培袋，接种后培养 60 天左右菌丝长满培养料，即可移入栽培场，6—9 月可收 2～3 潮灵芝；如果选择短段木熟料栽培，可以根据段木内菌丝长满的时间而选择覆土栽培时间，一般段木接种后，适温培养 75 天左右，袋内有灵芝原基形成，即可进场脱袋覆土栽培，因此朝前推 75 天左右即为接种时间，往往安排在 1—2 月生产，前期温度低，要采取加温措施，至适宜温度养菌。

260 短段木熟料栽培关键技术有哪些？

（1）树种选择。最佳为壳斗科的麻栎、栓皮栎、青冈栎等。树木胸径 5～15 厘米为宜。

（2）扎捆、调水、装袋。将木料截成 30 厘米的小段，用铁丝扎紧成捆，能够装进 30 厘米×45 厘米的低压聚乙烯塑料袋为宜，捆两端保持平整，捆四周也要保持平整，不要刺破料袋。然后将料捆用清水浸泡 4 小时左右吸足水，再捞起沥干流水后，装袋，用塑料绳活结扎紧袋口。

（3）灭菌。将段木料袋小心堆码，常压灭菌：达到 100℃保持 10～14 小时；高压灭菌：123℃保持 2 小时。灭菌结束将料袋小心运至无菌接种室或接种帐中，常规消毒，待温度降至 30℃以下便可接种。

（4）接种。选择菌丝洁白、健壮浓密、无杂菌污染、无褐色菌皮、生长旺盛的菌种，严格按无菌操作规程操作。将菌种掰成小枣状菌块，解开塑料绳，将菌种接进袋内空隙处，然后死结扎紧袋口。每 500 克菌种接种 2 袋。最后就地培养或者移入培养室培养。

（5）培养。培养室要洁净，使用前消毒。菌袋移入后，温度保持在 25～28℃，2～3 天菌丝开始萌发吃料，7～15 天菌丝布满整个料面，75 天左右菌丝长透木段。培养室避免强光照射，每天通风 1～2 次。

（6）畦床搭遮阴棚。在选择好、已经提前翻晒整理过的场地上，建宽 1 米、长不限、深 25 厘米的畦床，四周开好排水沟。畦床上方用钢管搭设高 2.5～2.8 米的遮阴棚，上盖一层 6 针遮阳网，四周遮阳网留 60 厘米高以利通风。

（7）脱袋埋土。到 5 月上旬，气温稳定在 20℃，菌袋达到生理成熟，袋内有灵芝原基出现，即可开始脱袋埋土。在整好的畦中，将菌袋脱去塑料袋，长满菌丝的段木捆顺排畦中，间距 10～15 厘米，然后覆土，段木捆上覆土厚度 3 厘米。

（8）管理出芝。覆土后，适宜的环境条件下，12 天左右便开始现蕾，此时应加强管理。湿度管理上，按照前湿后干的原则，空气相对湿度保持 80%～95%，促进菌蕾分化；温度管理上，应调控温度在 25～28℃，菌床温度不低于 20℃；光照管理，应前阴后阳，前阴有利菌丝、原基分化，后阳有利于提高棚内温度，促进菌盖加厚生长；通风管理上，要注意加强通风，促进灵芝生长，也有利于抑制杂菌生长。

（9）采收。灵芝子实体成熟的标志是菌盖不再增大，菌盖表面色泽一致，边缘有同菌盖色泽一样的卷边圈，有大量褐色孢子飞散，菌盖下方色泽一致。采收时，用果树剪从菌柄基部剪下,注意不要用手触碰菌盖下方,也不要用水冲洗灵芝,除去杂质,将灵芝菌柄留 2 厘米,多余的菌柄剪去,柄朝上单个排列晒干。

 261 灵芝代料栽培关键技术有哪些?

代料栽培少量用瓶栽,大量用塑料袋栽培。虽然两种方法容器不同,但培养基配方、灭菌、接种、培养、管理措施基本相同,栽培者可根据具体情况,因地制宜选择。

(1)配方选择。代料栽培灵芝的原料来源广泛,各种阔叶树木屑、玉米芯、豆秆、棉籽壳、甘蔗渣、果壳等都可以作为栽培灵芝的主要原料,同时加入一定量的麸皮或米糠作配料。

(2)拌料、装料、灭菌、接种。将配好的培养料装入袋(瓶)中,装满压实,中央打一个孔,封口,常压灭菌 10 ～ 14 小时或高压灭菌 123℃保持 2 小时。灭菌后移入接种室,料温低于 30℃便可接种。

(3)培养。培养室最好有加温条件,有较好的通风条件。菌袋接好菌种后,应立即移入培养室培养,在条件适宜的环境下,菌种 3 ～ 4 天即可萌发,7 ～ 10 天即可封面,40 天左右长满后,开始伴有灵芝子实体原基出现。

(4)管理、出芝、采收。灵芝代料栽培尽管与段木栽培不同,但后期的管理、出芝、采收基本一样。

 262 灵芝代料栽培高产配方有哪些?

(1)棉籽壳 83%,麸皮 15%,石膏 1%,蔗糖 1%。

(2)木屑 78%,麸皮 20%,石膏 1%,蔗糖 1%。

(3)玉米芯 75%,麸皮 23%,石膏 1%,蔗糖 1%。

(4)甘蔗渣 76%,麸皮 22%,石膏 1%,蔗糖 1%。

(5)花生壳 78%,麸皮 20%,石膏 1%,蔗糖 1%。

(6)棉籽壳 44%,木屑 44%,麸皮 10%,石膏 1%,蔗糖 1%。

 263 灵芝的采收标准是怎样的?

当灵芝菌盖已充分展开,菌盖不再增大,边缘的浅白色或淡黄色基本消失,菌盖开始革质化,呈现棕色,菌盖表面色泽一致,边缘有与菌盖色泽一样的卷边圈,有大量褐色灵芝孢子飞散,菌盖下方色泽一致时可以开始采摘。

采收时,用果树剪从菌柄基部剪下。注意不要用手与其他器物接触菌盖下方,也不要用水冲洗,除去杂质,离菌盖 2 厘米剪去多余菌柄,柄朝上单个排列晒干。

264 商品灵芝的规格及分级标准是怎样的？

规格：完整单生，菌盖肾形或半圆形，无畸形，表面孢子粉呈褐黄色微粒状。菌管面呈黄色或黄白色，无杂斑，无虫蛀、霉变、杂质。菌柄红色漆样光泽，不带培养料，柄长2厘米以内，含水率12%以下。

等级标准：①一级灵芝，菌盖直径8～15厘米，厚度1厘米以上，单朵重30克以上。②二级灵芝，菌盖直径5～8厘米，厚度1厘米以上，单朵重15～30克。③三级灵芝，菌盖直径3～5厘米，厚度0.6厘米以上，单朵重6～15克。④等外灵芝，菌盖直径3厘米以下的畸形灵芝等。

265 灵芝孢子粉怎么收集？

（1）套袋收集。当灵芝菌盖白色边缘基本消失或完全消失，菌盖颜色加深，子实体下方开始出现棕色孢子粉，此时应及时套袋。套袋前在灵芝畦床上用竹片与塑料薄膜搭设塑料拱棚防雨，然后用牛皮纸制作专用套袋，将纸袋撑开，套住整个灵芝，并用别针等将袋口固定封好；或者用纸板卷成20厘米×25厘米左右的纸筒，地上覆干净地膜后，每个灵芝罩上纸筒，上盖纸板，最后在塑料地膜上收集孢子粉。套袋后保持空气相对湿度95%左右，有助于灵芝多产孢子，同时注意通风。孢子的释放时间可长达1个月。

（2）吸尘器收集。灵芝子实体开始成熟，孢子开始释放。此时，在畦床上搭设塑料拱棚防雨，灵芝下面的畦床表面铺上干净塑料，不留空隙，同时封住拱棚两端，任凭孢子释放。先将吸尘器内清理干净，就可以收集灵芝孢子粉了，每天早晚两次，在菌盖及其他有孢子附着的地方，距其15厘米处打开吸尘器，吸完后将孢子粉倒入容器，直至采收灵芝为止。收集时注意不要吸入异物。

266 怎样选择盆景灵芝品种？

盆景灵芝品种，常常选择子实体菌盖色红、光泽度好、菌盖形如"如意"、盖较小、环纹明显，柄较长、多分枝，生长慢，少孢子粉的品种。

267 灵芝生长造型的调控技术有哪些？

（1）单株生长。

（2）菌盖加厚。

（3）子母盖。

（4）盖上菌柄和双重菌盖。

（5）脑形菌盖。

(6)丛生菌盖。

(7)鹿角状分枝。

(8)光诱导培养。

(9)药物刺激。

(10)靠接和截枝。

(11)强制造型。

(12)控制光照。

 268 灵芝盆景单株生长的调控方法是怎样的?

灵芝原基出现后,把温度、湿度同时调低,使培养条件不再适于原基分化,于是菌蕾周围的颜色加深老化,并形成革质皮壳,使其他菌蕾停止生长。当菌蕾向上延伸成菌柄后,再把温度、湿度调高到适宜范围,菌柄长出后,很快分化成菌盖。如果在菌柄长出之前,间断性调整温、湿度,在菌柄上会出现几个长短不一的分枝。

 269 灵芝盆景菌盖加厚的调控方法是怎样的?

将已形成菌盖、但未停止生长的灵芝,放在通风不良的条件下培养。菌盖下面出现增生层,形成比正常菌盖厚 1 ～ 2 倍的菌盖。

 270 灵芝盆景子母盖形成的调控方法是怎样的?

在加厚培养中,继续控制通风条件,从加厚部分延伸出二次菌柄,再给予通风条件,从二次菌柄上可以形成小菌盖,有时 1 个,有时多个。用机械刺激的方法也可诱导菌盖上分化出小菌盖。当灵芝的白色生长圈消失时,继续保持适宜的生长条件,用消毒的钢针或小刀将菌盖背面或沿皮壳轻轻挑破,形成一个或若干个小疤痕,继续培养,从疤痕处抽出短柄,很快形成小菌盖。

 271 灵芝盆景脑型菌盖形成的调控方法是怎样的?

在菌柄长出,开始分化菌盖时,频繁地大幅度调整培养温、湿度,造成很大的波动。同时控制通风与光照条件,会形成不规则的脑形子实体。

 272 灵芝盆景丛生菌盖形成的调控方法是怎样的?

当通风条件极为不良时,二氧化碳浓度很高,已分化的原基不能正常发育,成为不规则柱状物。若改善通风条件,在柱状物上就会发育成丛生菌柄和菌盖。

十三、大球盖菇栽培技术

273 大球盖菇在食用菌中如何分类？

　　大球盖菇（图 20），又称皱环球盖菇、酒红球盖菇、褐色球盖菇、斐氏球盖菇，在食用菌的分类中隶属担子菌亚门层菌纲伞菌目球盖菇科球盖菇属，1922 年由美国人发现和命名。这种菇是联合国粮农组织向发展中国家推荐的人工种植食用菌之一，也是国际菇类贸易市场十大品种之一。

图 20　盆栽大球盖菇

274 种植大球盖菇有何重大意义？

　　大球盖菇是欧美各国人工栽培的食用菌之一，也是联合国粮农组织向发展中国家推荐栽培的食用菌之一。栽培原料来源十分丰富，产量高，每 667 平方米可产 5 ～ 30 千克。鲜菇清香，味道柔和，质地脆嫩，口感好。价格也高（在美国鲜菇 4 ～ 7

美元/磅）。大球盖菇的主要原料都是农作物的下脚料如稻草、稻壳、玉米秸秆、玉米芯及木屑等，可生料栽培，且成本很低，栽培的废料还是优质的有机肥，可有效改良土壤。大球盖菇是利用农作物秸秆发展生态农业和循环农业的新秀，近几年在我国的种植面积逐渐扩大。

 大球盖菇有哪些栽培模式？

大球盖菇可以在菇房（棚）中进行地床栽培（图21）、箱式栽培和床架栽培，通常也采用阳畦进行粗放式露地或林下栽培。在我国也多以室外生料栽培为主，因为不需要特殊设备，制作简便，且易管理，栽培成本低，经济效益好。

图21 大球盖菇地床栽培

 大球盖菇播种前栽培场地如何处理？

（1）翻耕杀虫。这个环节很重要，是大球盖菇栽培成功的前提。首先在地表喷洒杀虫、杀菌药，按每667平方米75千克的量撒生石灰（注意土壤酸碱度偏酸或者中性），然后旋耕，暴晒15～30天。

（2）搭棚。棚宽5～8米，高2米，长度不超过30米。棚内设置喷淋水路1～2路。棚外先盖遮阳网再盖塑料膜，遮阳网要求遮光率80%以上。如果是林下栽培或者露地栽培不用搭棚。

（3）整畦和准备覆土用土。畦宽80～120厘米，高25厘米（不沥水的田适当高一些）。在整畦前，取深度3～5厘米的土，放在一边，用于菇床表层覆土。

大球盖菇的栽培条件是什么?

(1)温度。大球盖菇的菌丝生长温度在 5 ～ 34℃,最适温度 12 ～ 25℃,12℃以下菌丝生长缓慢,超过 35℃菌丝停止生长并易老化死亡。原基形成和子实体发育温度 4 ～ 30℃,最适温度 14 ～ 25℃,低于 4℃和超过 30℃子实体难形成和生长。

(2)水分。大球盖菇的菌丝生长培养基含水率要求 58% ～ 62%,原基分化空气湿度 90% ～ 95%,子实体生长发育基质含水率 70%。

(3)通风。大球盖菇的菌丝体生长对氧气要求不高,二氧化碳浓度不能超过 2%。子实体生长发育要求氧气充足,二氧化碳过高易形成畸形菇,出菇期应每日通风 2 ～ 3 小时,甚至更长时间。

(4)光照。大球盖菇的菌丝体生长阶段不需要光照,子实体生长要求有 100 ～ 500 勒克斯光照,散射阳光可促进子实体健壮,提高质量。

(5)酸碱度。大球盖菇适宜在弱酸性环境中生长,培养基和土壤 pH 值 4.0 ～ 9.0 菌丝均能生长,但以 pH 值 5.0 ～ 6.5 为宜。菌丝体生长培养基 pH 值以 5.5 ～ 6.5 为宜,子实体生长时的培养料 pH 值以 5.0 ～ 6.0 为宜,覆土材料 pH 值 5.5 ～ 6.0 为宜。

 大球盖菇栽培前的准备工作有哪些?

(1)准备栽培材料。大球盖菇可利用农作物的秸秆作原料,作物秸秆是玉米秆、玉米芯、稻草、小麦秆、谷壳、亚麻秆等,不加任何有机肥的培养料,大球盖菇的菌丝就能正常生长并出菇。大面积栽培大球盖菇所需材料数量大,为此应提前收集,贮存备用。

(2)选择栽培方式。大球盖菇可以在菇房(棚)中进行地床栽培、箱式栽培和床架栽培。目前多以室外生料栽培为主,因为不需要特殊设备,制作简便,且易管理,栽培成本低,经济效益好。

(3)选好栽培场地。室外栽培是栽培大球盖菇的主要方法,温暖、避风、遮阴的地方可以提供适合大球盖菇生长的小气候,半荫蔽的地方更适合大球盖菇生长,但完全荫蔽(如大树下的树荫)会严重地妨碍大球盖菇的生长发育。

(4)选择和预购有资质菌种生产厂家的菌种。

 大球盖菇怎样播种?

(1)用种量。每 667 平方米地需菌种 400 ～ 500 袋(14 厘米×28 厘米菌袋)。

(2)播种方式。穴播、点播、撒播。

(3)播种步骤。应于铺料后 3 ～ 5 天后择无雨天进行,以便发酵料散发废气,并避免菌种吸收过多水分。第一层料铺完整理规整后(厚度 15 ～ 20 厘米)即可播种,播种时将菌种掰成 4～5 厘米见方的块状,按梅花形分布每隔 8～10 厘米进行穴播,穴播完第一层菌种后,进行第二次铺料,厚度达到 10 厘米左右,再播一次种。两次播种后,即将剩余的料草铺在床面(8 厘米左右)。播种后可立即覆土(也可等菌丝长到 2/3 再覆土)。覆土上盖稻草和玉米秸秆以保持湿度和温度。

280 大球盖菇覆土方法是怎样的?

用前期处理好堆在一边的土进行覆土,覆盖土的大小既不能是大块的土块,也不能太细,以 2～5 厘米大小的粗土粒为宜,覆土厚度为 3～5 厘米。若是林下或者是露地栽培,覆土后在床面上面铺一层 2～3 厘米厚的稻草,用于发菌阶段的保温、保湿和出菇阶段幼蕾防晒。大球盖菇在 pH 值为 4.5～9.0 均能生长,但以 pH 值为 6.0～7.0 的微酸性环境较适宜。在 pH 值较高的培养基中,前期菌丝生长缓慢,但在菌丝新陈代谢的过程中,会产生有机酸,而使培养基中的 pH 值下降。菌丝在玉米秸秆、稻草培养基自然 pH 值条件下可正常生长。所以在准备覆土材料时一定要注意土壤的 pH 值。

281 大球盖菇露地栽培技术要点是什么?

(1)整地作畦。首先在栽培场四周开好排水沟,沟里主要是防止雨后积水和与周边的环境分开。整地作畦的具体做法是先把表层的壤土取一部分堆放在旁边,供以后覆土用,然后把地整成垄形,中间稍高,两侧稍低,畦高 10～15 厘米,宽 90～120 厘米,长度根据栽培场地的实际情况定,畦与畦间距离 30 厘米。为不影响树木生长,可不翻土,将菇床建在两棵树的中间或稍靠近畦的一侧,以便于果园管理。

(2)场地消毒。在整地作畦完成后尚未建堆之前应进行场地的消毒,可在畦上泼浇 1% 的茶籽饼水,防止蚯蚓危害,在畦上和四周喷洒高效低毒的杀虫药和生石灰。若选用山地作菇场,必须撒用灭蚁灵、白蚁粉等灭蚁。

(3)材料处理。培养料按不同地区就地取材,要求新鲜、干燥、不发霉。可选用以下配方:①玉米秸秆 60%,谷壳 18%,软杂木 20%,尿素 1%,过磷酸钙 1%。②玉米秸秆 50%,棉籽壳 48%,尿素 1%,过磷酸钙 1%。③玉米秸秆 30%,玉米芯 30%,稻草 40%。④干稻草 40%,谷壳 40%,软杂木屑 20%。

(4)培养料浸水发酵。培养料在建堆前必须先吸足水分,把净水引入水沟或水池中,将培养料直接放入水沟或水池中浸泡,浸水时间一般为 2 天左右。玉米秸秆要先碾破,水分才能进入,不同品种的培养料浸水时间略有差别。预发酵:在白天气温高于 23℃ 以上时,为防止建堆后草堆发酵、温度升高而影响菌丝的生长,需要进行预发酵,至少翻堆两次。

(5)铺制菌床。铺制菌床最重要的是把发酵好的培养料一层一层压平踏实。每平方米用干培养料量 20～30 千克，用种量 600～700 克。堆草时第一层堆放的培养料离畦边约 10 厘米，一般堆 2～3 层，每层厚 10～15 厘米。

（6）播种。菌种掰成鸽蛋大小，播在两层培养料之间。播种穴的深度 5～8 厘米，采用梅花点播，穴距 10～12 厘米。增加播种的穴数可使菌丝生长更快。

（7）盖覆盖物。建堆播种完毕后在草堆面上加覆盖物，覆盖物可选用旧麻袋、无纺布、草帘、旧报纸等。旧麻袋片因保湿性强，且便于操作，效果最好，一般用单层即可，大面积栽培用草帘覆盖也行。草堆上的覆盖物应经常保持湿润，防止草堆干燥。将麻袋片在清水中浸透，捞出沥去多余水分后覆盖在草堆上。也可播完种后直接覆土。

282 大球盖菇发菌期管理要点是什么？

（1）菇床水分调节。建堆前培养料一定要吸足水分，这是保证菇床维持足够湿度的关键。播种后的 20 天之内，一般不直接喷水于菇床上，平时补水只是喷洒在覆盖物上，不要使多余的水流入料内，这样对堆内菌丝生长有利。如果前期稻草吸水不足，建堆以后稻草会发白偏干，致使菌丝生长速度减缓。

（2）生长期水分调节。菌丝生长阶段应适时适量的喷水，前 20 天一般不喷水或少喷水，待菇床上的菌丝量已明显增多，占据了培养料的 1/2 以上，如菇床表面的草干燥发白时应适当喷水。菇床的不同部位喷水量也应有区别，菇床四周的侧面应多喷，中间部位少喷或不喷，如果菇床上的湿度已达到要求，就不要天天喷水，否则会造成菌丝衰退。

（3）料温调节。建堆播种后 1～2 天，料温一般会稍微上升，要求料温在 20～30℃，最好控制在 25℃ 左右，这样菌丝生长快且健壮。在建堆播种以后，每天早晨和下午要定时观测料温的变化，以便及时采取相应的措施，防止料温出现异常现象。

283 如何搞好发菌期水分和温度的管理？

水分、温度的调控是栽培管理的中心环节，培养料的含水率 60%～65%，空气相对湿度 75%～80%，菌丝生长阶段要求料温 18～28℃。在播种时，应根据实际情况采取相应调控措施，保持其适宜的温度、湿度指标，创造有利的环境促进菌丝恢复和生长。播种后 1～2 天，料温一般会稍微上升。要求料温最好控制在 15～28℃，这样菌丝生长快且健壮。当温度高于 30℃ 时，早晚掀棚通风；当料温在 20℃以下时，在早晨及夜间加厚草被，并覆盖塑料薄膜，待日出时再掀去薄膜。

284 如何搞好出菇期间的管理？

（1）气温调节。大球盖菇出菇的适宜温度为 10～25℃，当温度低于 4℃ 或超过 30℃均不长菇。播种后 50 天左右菌丝即可长满培养料,并向覆土蔓延,覆土层内和基质表层菌丝束分枝增粗,通过加大水分和调节温差(菇棚栽培方式),使菌丝由营养生长阶段转为生殖生长阶段。

(2)水分调节。在第一茬菇出菇前,打一次出菇重水。若是沙性土壤,可往沟内灌水,以提高培养料含水率。

(3)保持出菇场地空气相对湿度。若阴雨绵绵,则应定时清理水沟,保持排水通畅,避免场地积水。

(4)通风管理。对于菇棚栽培,每天要掀棚通风,通风次数、时间长短应根据气候、菇的多少和大小来灵活掌握。对于林下和露地栽培视天气情况可以把上面覆盖的草揭开。

(5)出菇。大球盖菇菌肉肥厚,色白,菌盖边缘内卷,菌褶密集直生,初为白色,后变成灰白色,随着菌盖开伞平展,变为褐色或紫黑色,菌柄圆柱形,长 5～20 厘米、粗 2～6 厘米,靠近菌盖部位呈淡粉色,中下部白色,菌柄早期和中期内实有髓,成熟后中空。

285 大球盖菇的采收时间是怎样的?

大球盖菇应根据成熟程度、市场需求及时采收,子实体从现蕾即露出白点到成熟需 5～10 天,随温度不同而表现差异。在低温时生长速度缓慢,而菇体肥厚,不易开伞。相反在高温时,表现朵型小,易开伞。整个生长期可收 3 潮菇,一般以第 2 潮的产量最高,每潮菇相间 15～25 天。

286 大球盖菇的采收标准是怎样的?

当子实体的菌褶尚未破裂或刚破裂,菌盖呈钟形时为采收适期,最迟应在菌盖内卷,菌褶呈灰白色时采收。若等到成熟,菌褶转变成暗紫灰色或黑褐色,菌盖平展时才采收就会降低商品价值。不同成熟度的菇,其品质、口感差异甚大,以没有开伞的为佳。

287 大球盖菇的采收方法是什么?

大球盖菇达到采收标准时,用拇指、食指和中指抓住菇体的下部,轻轻扭转一下,松动后再向上拔起。注意避免松动周围的小菇蕾。采过菇后,菌床上留下的洞口要及时补平,清除留在菌床上的残菇,以免腐烂后招引虫害而危害健康的菇。采下来的菇,应切去其带泥土的菇脚。

288 大球盖菇虫害如何防治?

（1）白蚁。大球盖菇严禁在白蚁多的地方进行栽培，场地最好不要多年连作，以免造成害虫滋生。

（2）螨类。在栽培过程中，菌床周围放蘸有 0.5% 的敌敌畏棉球可驱避螨类、跳虫和菇蚊等害虫，也可以在菌床上放报纸、废布并蘸上糖液或放新鲜烤香的猪骨头或油饼粉等诱杀螨类，对于跳虫可用蜂蜜 1 份、水 10 份和 90% 的敌百虫 2 份混合进行诱杀。

（3）蚂蚁。栽培场或草堆里发现蚁巢要及时撒药杀灭，若是红蚂蚁，可用红蚁净药粉撒放在有蚁路的地方，蚂蚁食后，能整巢死亡，效果甚佳。若是白蚂蚁，可采用白蚁粉 1～3 克喷入蚁巢，经 5～7 天即可见效。

（4）蛞蝓。蛞蝓喜生在阴暗潮湿环境，因而应选择地势较高、排灌方便、荫蔽度在 50%～70% 的栽培场。对蛞蝓的防治，可利用其晴伏雨出的规律，进行人工捕杀，也可在场地四周喷 10% 的食盐水来驱赶蛞蝓。

（5）鼠害。大球盖菇在室外栽培场，老鼠常会在草堆做窝，破坏菌床，伤害菌丝及菇蕾。早期可采用断粮的办法或者采取诱杀的办法，还可把鼠血滴在栽培场四周及菌床边，让其他老鼠见了逃离。

289 大球盖菇的加工方法有哪些?

（1）干制。干制可参照蘑菇片和草菇的脱水法，采用人工机械脱水的方法。把鲜菇杀青后，排放于竹筛上，送入脱水机内脱水，使含水率达 11%～13%。杀青后脱水干燥的大球盖菇，香味浓，口感好，开伞菇采用此法加工，可提高质量。也可采用焙烤脱水，用 40℃文火烘烤至七八成干后再升温至 50～60℃，直至菇体足干，冷却后及时装入塑料食品袋，防止干菇回潮发霉变质。

（2）盐渍。盐渍可以参照盐水蘑菇加工工艺，采用盐渍的方法加工大球盖菇。大球盖菇菇体一般较大，杀青需 8～12 分钟，以菇体熟而不烂为度，视菇体大小掌握。通常熟菇置冷水中会下沉，而生菇上浮。按一层盐一层菇装缸，上压重物再加盖。盐水一定要没过菇体。盐水浓度为 22 波美度（100 千克清水加 40 千克食盐，加热溶解即成）。

（3）制罐。大球盖菇适于加工制罐，可参照蘑菇的加工方法进行。由于大球盖菇菇体大小差异较大，应挑选其中优质、大小较适中的菇作为原料。

十四、金针菇栽培技术

 290 什么叫金针菇的工厂化栽培？

金针菇的工厂化栽培是指人工模拟金针菇生长发育适宜的温、光、气、湿等条件，人为阻断影响金针菇生长发育的生物因子（杂菌），采用集约化的管理方式，循环生产，周年投放市场的栽培模式。（图22）

图22　金针菇工厂化栽培

 291 金针菇有哪五大营养作用？

（1）含有人体必需氨基酸，成分较全，其中赖氨酸和精氨酸含量尤其丰富，且含锌量较高，对增强智力特别是对儿童的身高和智力发育有良好的作用，人称"增智菇"。

（2）含有一种叫朴菇素的物质，有增强机体对癌细胞的抗御能力，常食还能降低胆固醇，预防肝脏疾病和肠胃溃疡，增强机体正气，防病健身。

（3）能有效增强机体的生理活性，促进体内新陈代谢，有助于食物中各种营养素的吸收和利用，对生长发育大有益处。

(4)可抑制血脂升高,降低胆固醇,防治心脑血管疾病。

(5)常食用具有抵抗疲劳、抗菌消炎、清除重金属盐类物质、抗肿瘤的作用。

 金针菇工厂化栽培的工艺流程有哪些?

金针菇工厂化栽培的工艺流程如图23所示:

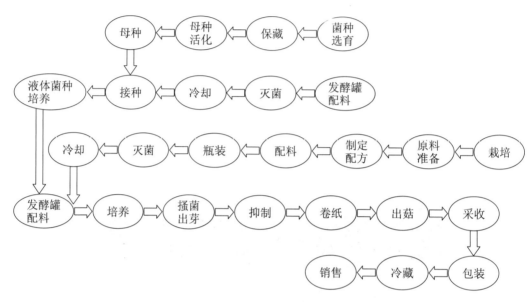

图23 金针菇工厂化栽培的工艺流程

 工厂化栽培金针菇如何获得优质高产?

(1)选择优质高产、适销对路的金针菇品种。

(2)各生产环节有完善的配套设备,并能适时监控。

(3)菌种的制作与培养要求纯度高,并能满足供应。

(4)栽培配方合理、科学。

(5)培养料彻底灭菌。

(6)科学地管理出菇。

 栽培金针菇的主要原辅料有哪些?

木屑、棉籽壳、甜菜渣、玉米粉、玉米芯、麸皮、大豆皮、精糠、豆粕、贝壳粉、石灰等。

 金针菇的常规栽培技术要点是什么?

金针菇的常规栽培技术工艺流程:培养料配制→装袋→灭菌→冷却→接种→

养菌→搔菌→出菇管理→采收。

金针菇的常规栽培技术要点：

（1）栽培季节。传统的金针菇主要依靠自然气候条件进行栽培，所以需要根据金针菇菌丝生长和子实体生长的温度选择适宜的季节进行栽培。根据金针菇低温出菇的特点，通常安排在秋末冬初栽培，使出菇时的温度在 5～15℃。根据各地气候特点，中国南方冬季低温期短，春季气温回升快，金针菇生产应安排在 10—11 月接种，12 月至翌年 2 月出菇，一般一年栽培一次。中国北方金针菇生产一年可安排两次栽培。第一次于 9—10 月接种，11—12 月出菇，第二次可于 12 月或翌年 1 月接种，采用室内加温培养，只要温度保持在 15℃左右，菌丝就能正常生长发育，于 2—3 月自然气温回升到 10℃左右即可适时出菇。

（2）培养料配方。金针菇属于木腐菌，最适生长 pH 值在 6.0～6.5。传统的金针菇生产主要利用木屑作为培养料，且软质木屑栽培金针菇效果优于硬质木屑。但随着木材资源的匮乏，目前已相继开发成功的替代原料有棉籽壳、甘蔗渣、玉米秸秆、玉米芯等，以下是国内常用的培养料配方。

配方 1：棉籽壳 70%，木屑 18%，石膏 1%，石灰 1%。

配方 2：杂木屑 34%，棉籽壳 34%，麦麸 25%，玉米粉 5%，碳酸钙 1%，糖 1%。

配方 3：棉籽壳 78%，麦麸 20%，石膏 1%，糖 1%。

配方 4：玉米芯 60%，木屑 20%，麦麸 18%，石膏 1%，糖 1%。

（3）装袋。金针菇常规栽培多采用聚丙烯或聚乙烯塑料袋栽培，常用规格为（17～20）厘米×（33～40）厘米。配制培养基前要将粗的木屑过筛，以防刺破塑料袋。装袋用装袋机，要求装袋松紧度适中，不刺破塑料袋。17 厘米×33 厘米的塑料袋以每袋装 600～800 克为宜。

（4）灭菌。聚丙烯塑料袋用高压、常压灭菌即可，而聚乙烯塑料袋只限于常压灭菌。采用高压蒸汽灭菌时，特别要注意在排气时让其慢慢降低压力，不应太急以防塑料袋膨胀爆破。灭菌后要小心搬运，避免刺破塑料袋。常压灭菌在温度达 100℃后，要保持 10～12 小时，以彻底杀灭杂菌。

（5）接种。接种要严格按照无菌操作规程进行。所用菌种要严格挑选，接种量以菌种覆盖料面及有少量菌种掉入接种孔为宜。

（6）发菌管理。栽培袋接种后及时置于培养室进行培养，培养期间控制料内温度不超过 23℃，定期进行通风换气，保持空气湿度在 65%～70%，通常培养 30～35 天后菌丝长满菌袋。

（7）出菇管理。①"再生法"出菇。满菌的金针菇栽培袋不经过搔菌，直接诱导原基分化。催蕾阶段，菇房温度最好控制在 13～14℃，给予弱光照和通风。当鱼子般菇蕾布满料面时，将棉塞、套环拔除，打开袋口进行菱菇。把塑料袋口向外折起卷至离料面 2 ～ 3 厘米处,袋口不能盖湿布或报纸,开袋后加强通风,使金针尖菇逐渐失水枯萎变深黄色或浅褐色,然后再从干枯的菌柄上形成新的菇蕾丛。枯萎的方法有以下几种:一是在通风较好的出菇房,把门窗打开,让之形成对流,逐渐使其枯萎;二是在室内放置旋转式电风扇,采用机械吹风的方法加快菌柄枯萎的速度。再生法成功的关键就在于把握好原基枯萎的程度,适宜枯萎程度的简单判断方法是:菌柄没有完全发软,用手触摸菌柄,有轻微的硬实感即可。菇蕾枯萎后,将置于床架顶层的栽培袋搬回底层床架,在底层地面洒水,利用底层地面相对湿度较高的条件,让枯萎后的菌柄上再生出密集的菇蕾丛。一般经过 2 天后,在栽培袋原枯萎菌柄上又重新形成新的、整齐、密集的菇蕾。②直接法出菇。在栽培室打开袋口,进行搔菌,并将料面搔平。接着在塑料袋口覆盖旧报纸、无纺布或塑料地膜,覆盖旧报纸、无纺布或塑料地膜的作用有三种:一是起保湿作用;二是增加二氧化碳浓度,抑制菌盖生长,促进菌柄伸长;三是防止在喷水时把水直接喷到袋内影响菇蕾的发生和使部分子实体发生腐烂。定期打开菇房门窗,给予弱光照和通风,每天往覆盖物上和菇房地上、四周喷水保湿。催蕾阶段,菇房温度控制在 13 ～ 14℃,湿度达 85%～ 90%,10 ～ 15 天料面形成密集的菇蕾。

当子实体长到 1 厘米左右时,要适当降温、降湿和加强通风,使子实体受抑制,延缓生长,以利出菇整齐,成批采收。子实体生长期将温度控制在 8 ～ 14℃。温度过低,子实体生长缓慢;温度高于 15℃,子实体生长不整齐,容易开伞。菇房每天要喷水保湿,控制湿度在 85%～ 90%。同时,用一定光照可诱导菌柄向光生长。菇房二氧化碳浓度保持在 0.4%～ 0.5%,可获得菌盖小、菌柄细长的金针菇。

 如何鉴别菌种的活力?

金针菇菌种的活力是关系到金针菇产量和品质的决定性因素之一,可从以下几个方面鉴别。

(1)观察料面及四周有无杂菌,若有异常斑点或浊色水珠往往有细菌污染不能用。

(2)观察菌丝长势,若是洁白浓密、料面带有透明水珠,说明长势旺盛;若菌丝稀疏灰白,料面带有黄色水珠,说明菌种长势弱、菌龄长不宜使用。

(3)从气味上判断,靠近闻气味,若带有特殊香味,说明菌种生长健康;若带有微略的酸、臭异味,说明菌种有细菌污染,不宜使用。

(4)从菌丝吃料判断,料面洁白浓密有生理水珠,略有爬壁现象,向下浓密齿状生长,说明菌种长势旺;若不带齿状且料面较平,30 天以上才满瓶,说明菌种衰退不宜使用。

(5)检验菌龄,长度相同,菌龄越短,相对菌种活力越旺盛。

297 温度对栽培金针菇有什么影响?

金针菇属于低温结实性菇类,菌丝生长以 20 ～ 22℃为宜。温度偏高时,菌丝长势弱,容易形成粉孢子。金针菇子实体生长适宜温度为 5 ～ 9℃,在这个范围内,子实体生长健壮、出菇整齐、质量好;当温度偏高时,子实体生长较快,但产量低,质量差。

298 水分和湿度对栽培金针菇有什么影响?

金针菇菌丝生长阶段,培养料含水率以 63%～ 65%为宜,空气相对湿度以 65%～ 70%为宜。在子实体生长阶段湿度则应保持在 85%～ 95%为宜,需要较高的空气相对湿度。催蕾期应保持较高的相对湿度以利于原基分化,子实体伸长期应避免相对湿度过高导致产品质量下降。

299 光照对栽培金针菇有什么影响?

金针菇菌丝生长不需要光照,但子实体形成和生长需要弱光,强光使菌盖易开伞、菌柄短,且基部茸毛多。在金针菇生产抑制期初期,光照会抑制纯白金针菇菌盖形成,但在抑制期中期和后期,采用弱光间歇式光照能控制菌盖大小。光照控制在工厂化生产金针菇有重要的作用。

300 空气对栽培金针菇有什么影响?

金针菇属于好气性菌类,菌丝生长期要注意培养室的通风换气。在出菇时期,二氧化碳含量增高时,菌盖生长受抑制,菌柄伸长,子实体菌盖小而菌柄长,商品菇优良。但二氧化碳含量过高,菌盖生长完全受抑制,形成菌柄长、无菌盖的针头菇,将直接影响品质。当金针菇子实体长出瓶口 1 ～ 2 厘米时,套上包菇片,有利于提高局部的二氧化碳含量,抑制菌盖生长,促进菌柄伸长。

301 酸碱度对栽培金针菇有什么影响?

金针菇在pH值为 6.0 左右的培养基上生长最好,过高或过低都会影响菌种萌发及原基分化形成。在实际生产中,通常采用轻质碳酸钙、贝化石粉调节培养料pH值。

302 如何辨别金针菇菌丝是否达到生理成熟?

一般情况下,成熟的金针菇菌丝生长整齐、致密、均匀,外观颜色微黄,打开瓶盖,有一股特殊的菌丝香味。如果去掉表面菌丝,味道更浓。如有杂菌污染是没有这种味道的。

 金针菇什么时期进行搔菌？搔菌要注意什么？

在金针菇菌丝发满料后要进行搔菌，即搔去菌瓶料表面5～6毫米的老菌种及老菌丝，用洁净水冲洗干净，补充水分，平整料面。搔菌过早，菌丝不成熟，原基形成期延长，分化原基少；过迟则营养消耗多，菌丝活性低，原基形成少，产量低。受杂菌污染的菌瓶要单独挑出来，以防造成交叉污染。

 金针菇如何催蕾？

搔菌后的金针菇移入培养室进行催蕾出菇，催蕾温度控制在14～15℃，不需要光照，湿度控制在95%～99%，过高或过低都会影响到原基分化，影响产量。二氧化碳含量控制在1 000～2 000微升/升，有利于原基分化。

 金针菇抑制期的措施有哪些？

金针菇菇蕾长至瓶口上方1厘米左右时，采用低温、弱风和间歇式光照抑制等措施，促进菇蕾生长整齐、粗壮。

 金针菇出菇期间包菇片的作用是什么？

当金针菇菇蕾长出瓶口2厘米左右时，瓶口须套包菇片。套上包菇片不仅可防止菇体下垂散乱，使之成束生长整齐，还可增加二氧化碳浓度，抑制菌盖生长，促进菌柄伸长。

 金针菇如何采收？

金针菇通常以菇柄长15～17厘米、菌盖直径0.5～0.8厘米为采收最适期。采收时，一手握住菌瓶，一手轻轻将菇从拔起，平齐地放入框内。

 金针菇常见的杂菌有哪些种类？

目前危害金针菇的杂菌种类主要有四种：木霉、根霉、链孢霉和细菌。

绿色木霉分生孢子多为球形，孢壁具明显的小疣状突起，菌落外观呈深绿色或蓝绿色。发生规律：多年栽培的老菇房、带菌的工具和场所是主要的初侵染源，已发病所产生的分生孢子，可以多次重复侵染，在高温高湿条件下，再次重复侵染更为频繁。

根霉初形成时为灰白色或黄白色，成熟后变成黑色。根霉菌菌落初期为白色，老熟后为灰褐色或黑色。匍匐菌丝弧形，无色，向四周蔓延。孢子囊刚出现时黄白色，成熟后变成黑色。发生规律：根霉经常生活在陈面包或霉烂的谷物、块根和水果上,也存在于粪便、土壤中;孢子靠气流传播;喜中温(30℃生长最好)、高湿偏酸的条件。培养物中碳水化合物过多易生长此类杂菌。

链孢霉菌丝体疏松,分生孢子卵圆形,红色或橙红色。在培养料表面形成橙红色或粉红色的霉层,特别是瓶盖受潮时,橙红色的链孢霉,呈团状或球状长在瓶口,稍受振动,便散发到空气中到处传播。发生规律:靠气流传播,传播力极强,是金针菇生产中易污染的杂菌之一。

细菌多为白色、无色或黄色,黏液状,常包围接种点,使金针菇菌丝不能扩展。菌落形态特征与酵母菌相似,但细菌污染基质后,常常散发出一种污秽的恶臭气味。培养料受细菌污染后,呈现黏湿,色深。金针菇顶部褐斑,像铁锈一样,底部发黑也是细菌污染所致。

十五、天麻栽培技术

 天麻药用有哪些功效?

现代医药学研究与临床验证,天麻(图24)入药能益气、定惊、养肝、止晕、祛风湿、强筋骨,主治风湿腰痛、口眼歪斜、四肢麻木、眩晕头痛、高血压、神经痛、小儿惊厥抽风等症。

图24 天麻

 野生天麻比人工栽培的天麻药效高吗?

(1)从生态环境条件看,天麻各个主产区进行人工栽培,都是在掌握了天麻对生态环境的要求后,创造适合天麻生长的环境条件,才获得好的栽培结果。因此,从生态环境条件看,人工栽培天麻与野生天麻基本相同。

(2)从营养条件看,无论野生还是人工栽培,天麻与蜜环菌营共生生活,靠蜜环菌提供营养而生长繁殖,营养条件是一致的;且人工栽培天麻创造了最优越的环境条件,蜜环菌菌材生长得更好,大大改善了天麻的营养状况。因此,人工栽培天麻的长势要好于野生天麻。

（3）从天麻的生活史看，野生天麻与人工栽培天麻是一样的。

（4）从采收期与有效成分天麻素的含量看，采挖野生天麻大都在春季，箭麻抽薹出土后才发现，消耗了大量营养，药用质量下降，人工栽培在 10—11 月采收，天麻块茎坚实，质量好营养充足。据中国医学科学院测定，野生天麻的天麻素含量为 0.2％，人工栽培的天麻其天麻素含量为 0.4％。从以上分析看出，人工栽培的天麻质量优于野生。

311 栽培天麻为什么要首先培养蜜环菌材？

天麻虽然是一种植物，但它不能自养，需要依赖蜜环菌，与它建立共生关系。天麻利用自身分泌的溶菌酶，将侵入到天麻块茎内的蜜环菌菌丝体溶解，并吸收作为营养，从而维持其生长发育。没有蜜环菌提供营养，天麻就不能正常生长发育，就会死亡。因此，栽培天麻必须先培养蜜环菌菌材。菌材是指长有蜜环菌菌索的段木，其用途是蜜环菌分解吸取段木中的木质素与纤维素等营养来繁殖菌索，为天麻提供营养物质。菌材质量的好坏，是天麻能否高产的一个重要因素。

312 常用于人工栽培的天麻主要有哪两个品种？

（1）红天麻。广泛栽培品种，产量高，适应性好，有效成分天麻素含量低于乌天麻。

（2）乌天麻。适宜高山冷凉地区栽培，栽培规模小于红天麻，单产低于红天麻，但有效成分天麻素含量高于红天麻，品质比红天麻高。

313 哪些树种培养蜜环菌材最好？

培养菌材以壳斗科中的青冈栎、麻栎、栓皮栎等最佳，心材少边材多，材质坚实营养丰富，培养菌材易获高产。其次，蔷薇科的野樱桃、桦木科的桦树也是很好的培菌材料。

314 怎样选择栽培天麻的场地？

天麻与蜜环菌喜凉爽、潮湿的环境。培育菌材与栽培天麻时，宜选用荒地、林地，忌用熟田、菜园地，要求土壤疏松透气，以富含有机质的偏酸性沙壤土最佳。不能使用黏性强、透气性差的大黄土。海拔 1 000 米以上的宜选向阳地，略有荫度即可；800～1 000 米的山区宜选半阴半阳处；海拔 600 米左右应选阴坡或人工搭设遮阴棚。场地有 10°左右的坡度最好，平洼处易积水，排水差，不宜使用。

315 天麻的生长发育过程是怎样的？

天麻的生长发育过程是：种子→原球茎→米麻→白麻→箭麻→种子。一个生长周期历时 2 年。

天麻的生长条件是怎样的?

(1)温度。当地面下 10 厘米处地温升到 10℃时,天麻开始萌动,20 ～ 25℃时生长迅速,在 30℃时生长受到抑制。如果高温持续时间过长,将导致天麻腐烂。因此,夏季高温时须搭阴棚遮阴,把地温控制在 28℃以下,当地温低于 14℃时,天麻逐渐停止生长,进入休眠。天麻在冬季耐寒能力较强,能长期在 0℃左右的低温条件下越冬,并形成冬季需要低温休眠的特性,温度以 1 ～ 5℃为宜,休眠期不少于 3 个月。如果冬季地温过高,满足不了天麻对低温的需求,将影响其翌年生长势,甚至不能发芽。天麻在生长过程中,温度起着主导作用。

(2)湿度。天麻性喜凉爽和湿润的环境,以空气相对湿度 80%～ 90%,土壤含水率以夏季 50%～ 60%,春、秋季 40%,冬季 25%～ 30%为宜。干旱影响天麻生长;湿度过大,特别是越冬期湿度过大将会造成天麻腐烂。

(3)光照。天麻块茎生长不需要光照,光照只能为它提供热量。天麻在抽茎开花时,光照对结果和种子的成熟有一定作用。

(4)土壤。天麻适宜富含腐殖质、疏松肥沃、具有良好排水和透气性能的沙质壤土,其适宜 pH 值为 5.0 ～ 6.0。

怎样培养蜜环菌材?

根据气候和室内外环境条件,培养蜜环菌材主要有以下几种方法:

(1)地面堆培法。在气温低、湿度大的地方,可采用此法。地面先铺一层沙子,然后摆放一层直径 5 ～ 10 厘米、长 50 厘米、每隔 5 厘米四面砍有鱼鳞口的段木,段木间隔 3 厘米左右,用腐殖质土或沙填满间隙,在每个砍口处及两端放一块蜜环菌菌种,用腐殖质土或沙覆盖。以此方法层层摆放,可培养 4 ～ 5 层,最上层覆土 10 厘米,土壤湿度保持 60%左右。

(2)半坑式培养。气温适中的地方可采用此法,段木的摆放方法与地面堆培法相同。

(3)坑式培养法。气温高、干燥地区可采用此法,菌材周年均可培养,夏、秋季温度高,蜜环菌生长快;冬、春季温度低(需要采取保温措施),蜜环菌生长较慢,但菌索粗壮。

(4)菌床培养法。这种方法是在准备栽培天麻的场地内进行。①菌材培养菌床:把之前培养成熟的菌材与砍口段木间隔 3 ～ 5 厘米摆放,用沙土填满空隙,上层放置砍口新段木,然后覆沙土 10 厘米。②菌种培养菌床:将砍口的新段木间隔 3 ～ 5 厘米,砍口朝向两边,蜜环菌菌种掰成块紧靠砍口与两端放置,空隙处用沙土填满；第二层同样如前法操作，最后覆沙土 10 厘米即可。菌床培养的优点是栽培天麻时不移动菌材（栽两层时需要掀开上层），避免了在搬运中造成蜜环菌损伤；栽培天麻后接菌率高，天麻能够高产、稳产。

 为什么要用新鲜段木培养菌材？

蜜环菌是一种兼性寄生真菌，能在几百种树木或草本植物及竹类上生长，活树、草根或枯死树干、树根、树叶都能被它分解利用。蜜环菌的特点是能够在砍有伤口的新鲜木段上正常生长，就避免了土壤中那些腐生杂菌对菌材的污染危害，保障了蜜环菌菌材的质量，有利于天麻的高产栽培。

 培养菌材时木段上面为什么要砍口？

在木段上砍口，目的在于使蜜环菌通过伤口侵染，缩短培菌时间，快速长出菌丝和菌索，增加菌索分布密度，便于菌索对天麻的侵染建立共生关系。

 培养菌材时蜜环菌菌种为什么要掰成块使用？

蜜环菌菌种主要有两种，一是枝条蜜环菌种，二是木屑菌种。枝条种本来就呈条状，比较好使用。但木屑种是以细木屑为主料配制的培养基，使用时掰成块状使用，有利于短时抗御干旱、水渍等不良环境。如果呈很散的细末，碰上干旱、水渍等不良环境，菌种很快就会死掉，严重影响蜜环菌材的培养及天麻栽培。

321 **天麻栽培生产有哪两种方法？**

（1）无性繁殖栽培技术。用天麻块茎繁殖，叫无性繁殖。用这种方法，繁殖周期短，见效快，一年即可收益。

（2）有性繁殖栽培技术。用天麻种子繁殖叫有性繁殖。这是目前最先进的栽培技术，可得到生长势强、抗逆性强的一代天麻种，因此可以大幅度提高天麻产量，但耗时较长，收获商品天麻需要 18 个月以上。

 无性繁殖栽培场地怎么选择？什么时间进行？

人工栽培天麻应根据当地具体气候条件选定栽培场。高山低温多雨，气候冷凉阴湿，生长期短，应选择阳坡或林外栽培天麻；低山夏季干旱少雨，气温高，就应选择温度较低，湿度较大的阴山栽培天麻；中山区就应选择半阴半阳稀疏林下栽培。山体的坡度应为 5°～10°平坦的缓坡，陡坡密林不宜栽培天麻。

在天麻休眠期栽培可获得高产。天麻栽培后容易造成种麻冻伤，且防寒工作也很麻烦，建议高寒山区在春季栽培天麻，减少冻害损失。所以宜在 3 月上旬解冻后栽培,称为春栽。栽培后天麻虽未萌动,但蜜环菌却能生长。只有在天麻萌动前和蜜环菌建立共生关系,天麻才能得到充足的营养,所以,栽培天麻宜早不宜迟。如果在室内或低山地区的野外场地栽培天麻,也可在 11 月收获天麻时边收边栽,这称为冬栽。

 323 有性繁殖栽培什么时间进行?

有性繁殖栽培的时间根据天麻种子成熟的时间来定。由于天麻种子的萌发需要借助萌发菌这种微生物才能萌发,而且天麻种子一旦成熟应立即播种,萌发率会更高。天麻育种目前多采用温室育种,天麻种子的成熟时间提前到 4 月中旬左右,高山地区自然气温低,往往 7 月才开始成熟,所以,4 月中旬至 7 月下旬,都可以进行天麻有性繁殖的播种。但早播种有利于提高产量。

 324 乌、红天麻杂交怎样让它们的花期相遇?

乌、红天麻杂交育种,假植种麻时,在浅池沙土中先栽一行红天麻,再将已提前加温催芽 20 天左右的乌天麻在池内另栽一行,并做好标记,以备查验与授粉。种麻必须保障 2～5℃低温贮藏,经过 75 天以上低温休眠期,才能整齐、健壮地抽薹、开花。人工加温育种的,须采用加湿空调、电热或火道加温,保障温度在 20～22℃,保障土壤含水率 60%～65%,前期保障空气相对湿度 80%～90%,后期加强通风换气,空气相对湿度控制在 60%～70%,避免通风不良霉菌感染蒴果。

 325 影响天麻种子萌发的因素有哪些?

(1)萌发菌菌种质量。
(2)天麻种子的新鲜程度。
(3)播种后的土壤湿度。
(4)播种后的地温。

 326 目前使用的萌发菌品种有哪些?

(1)石斛小菇。
(2)紫萁小菇。
(3)兰小菇。

 327 萌发菌在天麻有性繁殖栽培中起什么作用?

萌发菌是小菇属中对天麻种子的萌发具有促进作用的几个种的统称,而且这种作用不可替代。萌发菌是一类弱兼性寄生真菌,天麻种子是靠共生萌发真菌的菌丝侵染,给天麻种胚提供营养,帮助其萌发、发育成原球茎,然后被蜜环菌侵染后,才能发育成小米麻,一步步长大成箭麻(商品麻)。

天麻无性繁殖栽培怎样操作?

(1)窖栽。一般窖长 1.2 米、宽 0.7 米、深 35 厘米,在窖底先铺一层 5 厘米厚的沙子,然后把新鲜段木砍鱼鳞口后与菌材间隔 3 ～ 5 厘米摆放在沙子上,种麻(白麻)紧靠菌材两边间距 15 厘米摆放,注意顶芽朝向一个方向,菌材两端也放麻种,小米麻撒在菌材周围。然后用混合沙(沙与木屑按体积 2：1 混均)填充空隙,盖住菌材与木段,沙厚 2 厘米,再按照上法栽第二层,最后覆沙 10 ～ 15 厘米,略高出地面,并加盖一层树叶保温保湿。

(2)畦栽。一般畦宽 0.7 米、深 35 厘米、长度不限,栽法同窖栽。

(3)菌床栽培。如果是一层菌材,可将覆土掀去后,不移动菌材,在靠菌材处挖窝按上述方法栽下种麻;若是两层,应掀开上层菌材,在下层栽下种麻,然后把上层菌材放回,同法栽下种麻,覆盖沙土与树叶层。

(4)室内栽培。用砖垒成宽 0.7 米、深 35 厘米的池,用沙和混合沙,如上述方法栽培,只要能控制好温度、湿度和通气,同样可以获得高产。

天麻无性繁殖栽培怎样选择种麻?

种麻质量的好坏,直接关系到天麻的接菌成活和产量。种麻要求无病斑,无冻创伤,手指大小,个体呈纺锤形,种麻表面无菌索及其侵染痕迹,无虫害斑痕。用白麻(10 ～ 20 克/个)、米麻做种。

天麻无性繁殖栽培用种量多少合适?

白麻作种时,每穴(10 根菌材)用种 500 克;若用米麻作种繁殖种麻,则每穴用种 250 克。米麻与白麻不提倡混合栽培,否则会因密度过大,营养供给不足,造成新生麻生长不良。

天麻无性繁殖栽培后的管理要点有哪些?

(1)防寒。冬栽天麻在田间越冬,为了防止冻害,必须在 11 月覆盖沙土或树叶30 厘米以上,翌年开春后再除去这层覆盖物。

(2)调节温度。开春后,为加快天麻长势,应及时覆盖地膜增温。5 月中旬气温升高后必须撤去地膜,待 10 月初再盖上地膜,以延长天麻生长期。夏季高温时,要覆草或搭阴棚遮阴,把地温控制在 28℃以下。

(3)防旱排涝。春季干旱时要及时浇水、松土,使沙土的含水率在 40％左右。

夏季6—8月，天麻生长旺盛，需水量增大，可使沙土含水率达到50%～60%。雨季要注意排水，防止积水造成天麻腐烂。9月下旬后，气温逐渐降低，天麻生长缓慢，但蜜环菌在6℃时仍可生长，这时水分大，蜜环菌生长旺盛，可侵染新生麻。这种环境下不利于天麻生长，会引起蜜环菌的"反消化"烂麻。因此9—10月要特别注意避免田间土壤湿度过大、注意防涝，控制土壤含水率在35%。

332 天麻有性繁殖栽培怎样操作？

（1）蜜环菌菌床（菌材）播种法。利用预先培养好的蜜环菌床播种。菌床播种时只需挖开菌床，取出蜜环菌材，用耙子耙平穴，即可进行播种操作；利用菌材播种，是将异地培养好的蜜环菌材，择优运至栽培场地播种，需要在选好的场地上另挖畦沟，其他操作相同。先在畦（或穴，每穴10根菌材）底平铺一层已预先用清水浸泡过的湿润（手捏有水渍）壳斗科树叶，压实厚1厘米左右。然后将拌有天麻种子的树叶萌发菌分成2份，一份先撒在铺好的湿树叶上，并将切碎的新鲜细树枝（长6厘米左右）撒盖在拌种菌叶上，空隙处用沙土填实，将菌材上菌索多的一面朝下，盖压在碎树枝上，菌材间距5～7厘米，空隙处用混合沙（体积比，沙∶木屑=2∶1）调湿（含水率60%，即手捏成团）填实不留空隙至菌材平；再按上述方法种第二层，最后覆盖10厘米厚沙土，沙土上覆盖树叶层保湿、防板结。每穴使用菌材10根，以10厘米左右的壳斗科树种培养的菌材最好，碎树枝1.0～1.5千克，萌发菌3袋，天麻蒴果15颗。菌材播种法是应用最广泛的一种播种方法，可有效降低空穴率，产量稳定，只是要一些工时培养菌材。

（2）菌枝新材法（又叫"三下窝"）。在选好的场地上挖30厘米深、70厘米宽、长度不限的畦沟，畦底挖松整平后，平铺一层湿润树叶，在树叶上撒一份拌有天麻种子的树叶萌发菌，再将购买的优质蜜环菌枝条种或木屑蜜环菌种，掰成条状或块状，均匀撒盖在萌发菌叶上，每穴用3袋（瓶）蜜环菌种，并撒1.0～1.5千克新鲜碎树枝，间隙处撒填一些混合沙，然后将四面砍有鱼鳞口的新鲜木段，口朝下盖压蜜环菌枝上，木段间距5～7厘米，盖混合沙至木段平；再在木段上撒湿树叶如前法播第二层，最后覆沙土10厘米厚，表层盖树叶保湿即可。覆土与填充土的湿度60%，如果偏干要边播边喷水增湿。此法要求蜜环菌菌种用量不可过少，否则影响接菌。由于此法蜜环菌纯度高，生长势强，营养充足，且节省劳力，特适宜天麻有性繁殖商品麻栽培（18个月），也是目前推广的一种有性繁殖育种方法。

333 天麻有性繁殖栽培每平方米播种多少颗蒴果为宜？

天麻有性繁殖栽培播种后18个月采收，播种蒴果以每平方米15～20颗为宜，播种量过大既是一种浪费，萌发后因麻种密度过大，营养供给不足，反而影响天麻的产量与品质；天麻有性繁殖育种播种后 6～10 个月采收米麻及少量白麻做种，则播种蒴果以每平方米 20～30 颗为宜，增加菌枝与碎树枝的用量，提高蜜环菌接菌率，有利于提高产量。无论哪种方法，如果天麻蒴果采收时间较长，或者蒴果较小，或其条件不够完美时，都应酌情增加播种量。

334 天麻有性繁殖与无性繁殖的效果有何不同？

无性繁殖栽培一般每平方米可产鲜天麻 7.5～12.5 千克，商品麻（箭麻）占 70%，种麻（白麻和米麻）占 30%；有性繁殖栽培（18 个月）一般每平方米可产鲜天麻 15 千克，其中商品麻（箭麻）占 30%，种麻（白麻和米麻）占 70%。

335 栽培管理后期天麻腐烂与哪些因素有关？

9 月后，要控制土壤湿度在 35% 左右，见墒即可。如果雨水过多，控水不力，再加上高温高湿，蜜环菌疯长，畦床内旺盛的蜜环菌已不是为天麻输送营养，而是分解吸收天麻的营养来满足自己的生长需要，变成"菌吃麻"，最后造成新生麻腐烂，收获时只见空壳不见天麻就是上述原因造成的。所以，后期田间管理的重中之重是控制畦床内的水分。雨时盖薄膜避雨，雨后揭去，疏通排水沟以利排渍。另外，土壤板结透气性差，导致天麻及蜜环菌不能健康生长，抗逆性降低，土壤中一些细菌、真菌等微生物大量繁殖，最终导致天麻腐烂，闻之恶臭，都是因杂菌感染造成。

336 高山地区栽培天麻覆盖塑料膜要注意什么？

天麻栽培初期覆盖塑料薄膜，主要是防止种麻冻伤，春季（3 月）气温回升以后，要将其撤除。栽培后期，下雨时要及时覆盖塑料薄膜避雨，防止雨水过多导致土壤湿度过大造成烂天麻，雨停以后也要及时撤除。切记不要长期覆盖，造成透气性差缺氧，蜜环菌生长不良会严重影响天麻的栽培。

337 天麻栽培后期怎样采收？

北方和高海拔地区，应在 10 月下旬至 11 月上旬采收并及时予以防冻贮藏及加工；南方及低海拔地区，可在 11 月下旬到 12 月采收（图 25）。

采收时先将表层覆盖物与盖土去掉，在接近天麻生长层时，再慢慢刨土，一旦发现天麻就应顺着天麻着生处刨土，能取出来的就先取出来。然后取出菌材拿下天麻，采收时应将畦床内的米麻、白麻、箭麻全部取出，并分开盛放；种麻不能及时栽培的，须妥善贮藏，以防干缩、腐烂。采收时除了避免碰伤、擦伤、挤伤外，也不能用盛放过化肥、农药、油、盐、酸、碱等物的用具来装天麻，尤其不能装种麻。采收完毕，将种麻细心贮藏或栽培，箭麻与 50 克以上的大白麻全部加工药用。

图 25　采收的新鲜天麻

 天麻加工后为什么不允许用硫黄熏蒸？

　　天麻用硫黄点燃产生的烟雾熏蒸，虽然可以漂白、防霉，但硫黄燃烧产生的二氧化硫有毒，食用这种天麻后对人的身体有伤害，所以这种行为是不允许的。

十六、双孢蘑菇栽培技术

339 双孢蘑菇的营养类型是怎样的?

双孢蘑菇是一种草腐菌,其生长最适碳源为纤维素和半纤维素的分解物。双孢蘑菇能利用多种氮源,如蛋白胨、铵盐和多种氨基酸、各种禽畜的粪便、大豆饼、油菜饼以及尿素等,小分子有机氮是双孢蘑菇的最佳氮源。堆制发酵过程中,堆肥中氮被微生物利用并转化为菌体蛋白,这些菌体蛋白被分解为双孢蘑菇生长的优质氮源。双孢蘑菇是一种典型的腐生真菌,不能直接利用秸秆原料,须经过堆制发酵被微生物降解后才能利用,因此,培养料发酵质量的优劣、单位面积数量的多少,以及理化性状都直接影响到双孢蘑菇的产量和质量。这个特点与平菇、香菇等品种不一样。此外,矿物元素也是双孢蘑菇生长中不可缺少微量元素,所需矿物元素主要有钙、镁、磷、钾、硫等,生产中常在配料中加入石膏、碳酸钙、过磷酸钙和生石灰来补充矿物元素。

340 双孢蘑菇栽培原料配方有哪些?

双孢蘑菇培养料有粪草培养料和合成培养料两种。各地方因地制宜,所用的原材料种类和配比数量不同,因而有许多不同的配方。但是合理配方的碳氮比值(C/N)应为 33∶1。

(1)粪草培养料。我国高产双孢蘑菇常用的配方为:①稻草 2 400 千克,干牛粪 2 400 千克,尿素 40 千克,过磷酸钙 50 千克,石膏 50 千克,石灰 25 千克,轻质碳酸钙 25 千克。②小麦秸或黑麦秸 1 000 千克,菜籽饼 40 千克,马粪 100 千克,尿素 10 千克,过磷酸钙 40 千克,碳酸钙 20 千克。③稻草(或麦秸)200 千克,干牛粪(或干猪粪)135 千克,干鸡粪 14 千克,菜籽饼 17.5 千克,石膏 7.5 千克,过磷酸钙 4 千克,石灰 5 千克。

(2)合成培养料。①稻草 100 千克,尿素 1 千克,硫酸铵 2 千克,过磷酸钙 2.5 千克。②稻草 2 500 千克,优质生物有机肥 250 千克,尿素 20 千克,硫酸铵 40 千克,过磷酸钙 50 千克,石膏 50 千克,石灰 25 千克,轻质碳酸钙 25 千克。③干稻草 3 000 千克,菜籽饼 200 千克,尿素 25 千克,碳铵 15 千克,硫酸铵 30 千克,复肥石膏粉 100 千克,石灰 75 千克,过磷酸钙 60 千克。

 双孢蘑菇的栽培料为什么要进行二次发酵?

　　双孢蘑菇培养料堆制发酵的目的是杀死培养料中的有害生物,培养有益微生物,使培养料利于蘑菇菌丝的生长而不利于杂菌的生长,从而实现蘑菇产量的显著提高。我国自引种双孢蘑菇以来,先后推广了室外长发酵技术(室外堆制 30 天左右,期间翻堆 5 ～ 6 次)和二次发酵技术(室外堆制 12 ～ 16 天,翻堆 3 ～ 4 次;室内进行巴氏灭菌,再培养 5 ～ 7 天)两种培养料堆制技术,二次发酵技术的推广使双孢蘑菇产量提高了 20%～ 30%。培养料二次发酵可以达到以下两个目的:一是进一步杀虫杀菌,创造一个适于蘑菇生长而不适于其他杂菌生长的环境,即无害化的培养料;二是促进益生菌的生长,由嗜热放线菌所产生的多糖类、微生物蛋白(氨基酸)、维生素(硫胺素、烟酸等)及生物激素等,可供蘑菇直接利用或刺激蘑菇菌丝的生长。

 双孢蘑菇出菇房菇架设计要点是什么?

　　双孢蘑菇出菇房内大多都是采用层架式栽培,出菇床架一般是采用热镀锌型钢、铝合金型材或者简易的竹架。每间出菇房内安装 4 排或 5 排出菇架,出菇架每层间距 600 毫米,一般不超过 6 层。每层床面的宽度一般在 1 200 ～ 1 500 毫米。料层厚度 180 ～ 230 毫米,出菇床架要有一定承重能力,每平方米栽培面积的培养料重量一般在 80 ～ 120 千克。菇床架的侧面要便于采菇和通风。

 双孢蘑菇的栽培料第一次发酵有哪些要点?

　　双孢蘑菇第一次发酵必须掌握"三先三后"原则,即建堆时草料含水率要先湿透而后稍干;建堆发酵时堆的大小是先大而后缩小;培养料上床二次发酵时要先检查湿度后进行补水调节。

　　实际操作分预湿、建堆和翻堆。

　　(1)预湿。将牛粪碾碎,与过磷酸钙、复合肥和菜籽饼混合拌匀,并加入适量水分,堆在一起覆盖薄膜发酵备用。稻草、菜枯在使用前 3 天,用水浸泡发酵。

　　(2)建堆。①堆料的规格:宽 2.0 米,高 1.5 ～ 2.0 米,长度因种植面积和地势条件而定,一般一个标准菇房需要建堆 2 ～ 3 座。②建堆方法:只铺稻草,不加入牛粪。共建 9 层,每层 30 ～ 35 厘米,把石灰均匀撒入每层稻草中,再冲大量的水,使石灰粉浸入草料内,要求堆底有水流出。堆与堆间距 20 ～ 30 厘米,或者堆与堆之间隔 1 米、竖放 2 米多高的竹竿或木棒,建堆完成后,将竹竿或木棒抽出成为排气孔。建成后呈长方体,四周与地面垂直,每堆顶部成凹状,以便冲水时料堆吃水不外溢。料堆上面不覆盖。建完堆后,料堆四边有水滴,并且地面有少量水流出。堆建成后前3天可每天对堆干燥处补充水分。

(3)翻堆。①第一次翻堆:建堆6天后进行。翻堆前一天下午或晚上,用水把草料堆四周喷湿。翻堆时,先把堆顶上的草料翻下来,铺成厚25～30厘米,再撒一层粪肥混合料,粪肥混合料厚度约为2厘米,周边多中央少,稀疏覆盖草料面,部分看见草料,而后再浇一次清水。再一层草料一层粪肥混合料一次清水,依此翻堆,堆顶略呈小拱形粪肥料封顶。翻堆时必须把草料抖松散使之不成块,散发其热气异味,交换新鲜空气。注意:这次翻堆时水量要加足,以堆外围有滴水,地面有水流出为宜。翻堆时每堆之间要保持有25～30厘米的间隔。②第二次翻堆:第一次翻堆5天后进行。可在堆底垫长竹竿或长木棒。翻堆时草料必须抖散,并在其中撒入石膏粉。每堆中间相隔1米、竖放15厘米粗的竹竿或木棍,建好堆后把竹竿或木棍抽出来,以便排气。③第三次翻堆:第二次翻堆4天后进行。第三次翻堆后如遇大雨天可加覆盖物,天晴揭去覆盖物。3天后培养料进房上架。这次翻堆一定要注意补水,一定要把水补足,否则会造成培养料缺水,抑制菌丝生长。堆料发酵时间共计18天,即6天、5天、4天、3天,发酵时间不可拖延,以免发酵偏熟腐烂。

344 双孢蘑菇的栽培料第二次发酵有哪些要点?

第二次发酵:从菇房第2层菇床开始进料,进料时必须把料抖散抖松,以便排掉氨气和异味。把第一次发酵后的培养料铺在菇床上,整理呈瓦背形,中间高、两边低,其中间厚度为25厘米,两边不超过菇床沿为宜。打开菇房窗门,连续通风2天,通风2天后在床面上喷大水,用水量2.5千克/米²左右,从下到上一层一层菇床喷。然后关上所有的门窗,开始加热升温,16～18小时后可达到60℃。其间用细竹竿绑一温度计从第四层窗口处(离地面约2米高)伸进菇房内,查看其温度。菇房内温度达到60℃,10个厚度的门帘薄膜会向外突起,否则向内凹陷。千万不能超65℃,否则易引起高温放线菌。60℃保持12小时。然后把菇房上下窗户打开通风排气降温,保持45～50℃,2天2夜(48小时)后停止加热。停止加热后打开窗户,待料温下降到28℃左右开始播种。

345 双孢蘑菇培养料的隧道发酵技术是怎样的?

我国双孢蘑菇栽培的区域分布较广,已成为世界双孢蘑菇生产和出口大国,可以预见双孢蘑菇的生产前景是广阔的,而目前双孢蘑菇生产模式仍沿袭了以往传统的堆料模式,工厂化隧道发酵蘑菇培养料的引进和发展,对现有生产方式起到了巨大革新作用。双孢蘑菇培养料的工厂化隧道发酵模式不仅解决了传统的堆料模式带来的人力和人工的问题,且还在一定程度上缩短了双孢蘑菇培养料堆制时间,

其发酵速度、时间和料的质量不仅都显著优于常规发酵模式,而且还提高了双孢蘑菇产量和品质。其发酵技术为:

(1)培养料的一次隧道发酵。将截成 30 厘米长的稻麦草用铲车推进预湿池反复碾压和浸水,预湿后的稻麦草捞起建堆,按照"一层草一层混合肥料"原则堆制 2 天,含水率掌握在 50%~55%;把预湿好的培养料用铲车和疏松机等进料设备均匀地输送到一次发酵隧道 1#,调节风机开停时间和通气量(转 5 分钟,停 50 分钟),确保培养料有氧发酵,若培养料水分不足时可在料堆表面喷水。发酵 4 天后翻堆(根据料温情况而定,一般当料温达到 75~80℃后开始下降就可以翻堆了)到发酵隧道 2#。

(2)培养料的二次隧道发酵。当培养料完全疏松后即可通过输送带进入巴氏消毒房进行二次发酵,门窗密闭,通过电脑室控制隧道内培养料的温湿。开启风机内循环状态,使温度上升至 58~62℃,保持 8 小时;之后导入新鲜空气,将培养料的温度降至 48~52℃,维持 4 天;然后通风,在 8 小时内把温度冷却至 30℃以下,可进棚播种。该阶段的定时通气很重要,可防止培养料缺氧而抑制有益微生物的繁殖和生长。

346 双孢蘑菇怎样播种?

双孢蘑菇常用的播种方法有以下两种。

(1)穴播。穴播即在料面上按"品"字形或方形打穴,穴深 3~5 厘米,穴距 8~10 厘米,将核桃大的菌种块逐穴填入,然后轻拍,使料与种紧贴。应注意种块不可揉搓,轻捏成团放入穴中即可;天气干燥、风大时入穴深度可适当深一点,湿度大可适当浅一点。但要注意种块要有部分露在料面,以利透气,加快萌发。种块大小及穴间距要均匀,注意不要漏播。播种后,轻轻拍平料面使种块与料层紧密接触以利保湿和定植。在生产过程中常常采用混播即穴播和撒播同时进行,效果更好。一般粪草培养料菌种多采用穴播加撒播。即先进行穴播,再在料面上撒少量种块,再轻拍料面,以利菌种萌发和定植。此法可以提高种块均匀度,萌发后穿透料层快、封面早、发菌均匀,但费工费时。

(2)撒播。有些菌种属于颗粒型,易分散,如麦粒菌种,可采用撒播的方法。即先将种量的 60% 均匀撒在料面,用手或用叉抓动培养料,使种块翻入或拌进料层内部,再将余下的种块均匀撒在料面;然后铺一层薄培养料,并轻拍料面,切忌压实,以保湿定植。播种时注意种块的均匀度,此法播种速度快,菌丝封面早,杂菌污染少,发菌整齐,不易发生球菇。但应注意发菌早期加强菇房保湿,且此法用种量较大。

播种后 3~7 天要检查一下发菌情况。如发现个别菌丝不萌发的地方,应及时补种。如果发现杂菌,要注意通风,并在杂菌处撒石灰粉。如成批不萌发、不吃料则应查明原因,采取相应措施。

347 双孢蘑菇播种后的菇房怎样管理?

播种后的管理:播种 3 天后,为使菌种与湿料接触,易于萌发,一般情况下关闭门窗,仅有背风地窗少量通风,潮湿天气可打开门窗通风。3 天以后,当菌丝已经萌发,并开始长出培养料时,菇房通风应逐渐加大。如气温在 28℃以上,为防止高温影响室内温度,可在中午关闭门窗,只开北面地窗,同时注意夜间通风,雨天多开门窗通风。播种 5 ~ 7 天后,菌丝已经长满培养料;为了促进菌丝向料内生长,抑制杂菌发生,须加强通风,降低空气湿度。播种 7 天后要进行检查,如发现杂菌及病虫害,应及时处理。如发现培养料过湿或料内有氨气,为了使菌丝长入料内,可在床架反面打洞,加强通风,散发水分和氨气。

348 双孢蘑菇栽培过程中为什么要覆土?

双孢蘑菇栽培过程中和其他食用菌最大的不同是需要覆土。不覆土则不出菇或很少出菇。双孢蘑菇在栽培条件下,由菌丝体的生长转向子实体的发育过程,覆土是一个重要的诱导因素。覆土在双孢蘑菇生长过程中的作用如下。

(1)覆土层在料面可以形成一个温湿度较为稳定的小气候,有利于菌蕾的形成。覆土以后,裸露的料面增加了一层保护层,既能缓和温度的变化,又能降低水分的蒸发,使得土层内有一个较为稳定的小气候环境。

(2)覆土后改变了料面和土层二氧化碳和氧气的比例,促进菌丝扭结成子实体。蘑菇菌丝体和子实体对二氧化碳的耐受力是有差异的。覆土以后引起料面和土层中二氧化碳含量的变化,从而控制蘑菇菌丝在土层中的生长,使之及时形成菌蕾。

(3)覆土后改变了营养条件,促进菌丝在营养较差的土层中由营养生长转向生殖生长。蘑菇菌丝在营养丰富的培养料内生长旺盛,当生长到覆土层时由于营养成分含量甚微,生长受抑制,从而转向生殖发育而结菇。

(4)覆土对料表菌丝的物理性刺激作用,可促进子实体的形成。这种物理刺激有利于蘑菇菌丝的扭结和分化。

(5)覆土层可随时供给蘑菇生长所需的大量水分。蘑菇生长发育过程中的周期性变化,较其他食用菌更为突出明显。因此出菇旺期需要补充大量的水分,供蘑菇吸收。假如没有覆土层,料面难以承受这样大量的水分,而覆土层既能吸收贮存这样多的水分,空隙间又有足够的空气供蘑菇吸收,因而能维持蘑菇的正常生长发育。

(6)覆土层可支持蘑菇子实体正常生长。蘑菇子实体在裸露的料面上无法正常直立生长,而覆土层却起到了一种支撑子实体生长的作用。(图26)

图 26 双孢蘑菇出菇

双孢蘑菇栽培过程中覆土要点是什么?

双孢蘑菇覆土技术要点:

(1)覆土时间。待菌丝长到床底,竹竿两侧明显见白色菌丝时,方可覆土。

(2)覆土前准备。①覆土原料配方:每 100 平方米种植面积用土 2.5 立方米(约 3 吨)、石灰 50 千克、谷壳 75 千克、高效低毒的杀菌农药 0.5 千克、钙镁磷肥 25 千克。②覆土原料准备:覆土前半个月,取地表 20 厘米以下土,剔除石子等杂物,铺成 80 厘米厚,然后将石灰、钙镁磷肥、多菌灵、谷壳均匀撒在上面,翻土 1 次,混合均匀,再挖穴灌水,浸 1 天后至湿度均匀一致,翻动使谷壳与土充分掺和,谷壳表面有土黏附,用铁锹铲到一起形成一个堆,盖上薄膜,在覆土前一周(视天气情况)掀开薄膜将土散开暴晒,即可使用。

(3)床面整理。覆土前一天,用手将菇床面的菌丝搔动拉断、拉平,再用木板或手将料面整平(床面仍然呈瓦背形),以便覆土厚度均匀一致。

(4)覆土。用钉耙抓开覆土堆,将大坨土抓散、抓小后放入撮箕里,双手掂撮箕,从每个床宽中线向床沿簸撒,然后用手将表面抹平,不可按压,以免土层板结。

双孢蘑菇的出菇怎样管理?

(1)出菇前通风、调水"吊菌丝"。大风通 24 小时后再调水(先轻后重),选择早晚气温较低时进行。覆土层调水达到手捏土成团,稍粘手,不板结。调水结束大风通 4 ~ 5 小时后紧闭门窗"吊菌丝",调水后前 3 天,早晚适当小通风,每次通气半小时,若调水后室温超过 28℃,则要适当加大通风量。注意轻调水分,调至土粒捏得扁。随后逐渐增加通风量，以促进菌丝横向生长，不让菌丝上冒，又要防止菌丝过早扭结出菇。等菌丝冒出土时补细土，以盖住菌丝即可，注意加强通风降温。

（2）喷"结菇水"。大部分原基发育成黄豆大小的菇蕾时及时喷1次"结菇水"，"结菇水"宜选择大部分原基已长至黄豆般大小的菇蕾时进行。其用量为 1.5～2.0 千克/米^2，在气温18℃以下进行，喷完后通风几小时，等附着在菇盖表面的游离水散发掉后减小通风；之后喷维持水保持土层含水率为18%～22%，即手捏可扁。室温达20℃以上暂停喷水，若需喷水应在夜间和清晨进行；室温在16～20℃喷水安排在9：00前或15：00后；室温在10～16℃喷水应选择在下午；室温在10℃以下应在中午前后喷水。土层喷水要干湿交替，总用水量前多后少。

（3）选择转潮期间向床面喷洒石灰澄清液和肥水。每天喷空气维持水2～3次，必要时走道、墙壁上适量洒水，空气湿度要控制在90%左右。若床面有菇，应同时加大通风和提高湿度，并及早采收后停水降湿；若无菇或有少量菇，通风后温度又持续不降，停水保持干燥，保持空气相对湿度在85%。

（4）菇房通风换气。气温高时通风宜在夜间或早晨气温低时进行。气温低时通风宜在白天中午，避免干风或冷风直接吹到菇床上。室温在20℃以上，背风口日夜常开，宜在夜间和雨天通风；无风时南北风口可全打开；若风力在4级以上，每次通风10分钟左右。白天室外温度高于室内，迎风口要关；风力在3级以下，可开对流风口；西南风时一律关风口，室温在16℃背风口日夜常开。夜间无风时应把所有风口打开，室内外温度相同时，只要风力小于3级，除中午前后稍将迎风口关闭3～4小时外，都常开对流风口。当气温降至10℃时通风应放在中午前后，延长通风时间通入热空气。

351 双孢蘑菇采收标准及方法有哪些？

（1）采收时机。当子实体长到标准规定的大小时应及时采摘。柄粗盖厚的菇，菇盖长到3.5～4.0厘米未成薄菇时采摘。柄细盖薄的菇，菇盖在2～3厘米未成薄菇时采摘。菇房温度在18℃以上要及早采摘，在10℃以下，适当推迟采摘。出菇密度大要及早采摘，出菇密度小，适当推迟采摘。

（2）采摘卫生要求。采摘人员注意个人卫生，不得留长指甲，采摘前手、器具要清洗消毒。

（3）采摘方法。在出菇较密或采收前期（1～3潮菇），采摘时先向下稍压，再轻轻旋转采下，避免带动周围小菇。采摘丛菇时，要用小刀分别切下。后期采菇时采取直拔。采摘时应随采随切柄，切口平整，不能带有泥根，切柄后的菇应随手放在内壁光滑洁净的硬质容器中。

双孢蘑菇怎样进行转潮管理？

采完一茬菇后，除去留在菌床上的残留菇根，补平采菇留下的凹坑，将菌床整理干净，若床面出菇量大，2～3天内菇体不断，挑根补土工作可放在1潮菇结束后再进行，整理后的菌床要达到未出菇时一样平坦。菌床整理要随产菇时间的增长而逐步加强。前期采菇后只要挑断板结的过旺菌丝和挖掉"团菇"的残留菇根，中期仔细挑除老化菇根，后期要彻底清理堆肥表面和覆土层中布满根状菌索。土层用水，尽可能在喷出菇水时调足，出菇时菌床要少喷水或间歇喷水，以喷空气维持水为主，切忌频繁调水催菇。无菇时停止用水，适当加大通风，降低空气湿度，抓好菌床的整理和打扦、撬土等透气措施，产菇中后期，要适量追肥和补足营养液。采完1潮菇后，在下潮菇形成之前喷1次"转潮水"，用量为1.5～2.0千克/米^2。

双孢蘑菇有哪些加工方法？

双孢蘑菇加工技术主要有保鲜加工、速冻加工、罐藏加工、盐渍加工和干制加工等。主要产品有保鲜菇、速冻菇、罐头菇、盐水菇和干(片)菇，此外还有调味蘑菇、蘑菇酱油、蘑菇调味品、蘑菇浓缩液、蘑菇饮料、蘑菇蜜饯及蘑菇(多糖)保健品、蘑菇美容品等多种产品。接下来介绍几种主要加工技术。

(1)保鲜加工。蘑菇保鲜加工研究始于21世纪初，采用了冷藏、辐射、气调、药物等多种方法，在理论上进行多方探讨。结果表明保鲜和蘑菇的呼吸、酶促反应、细菌污染等因子有关。通过控制鲜菇所处的环境条件来抑制新陈代谢和腐败性微生物的活动，使之在一定的时间内保持产品的鲜度、颜色与风味不变，但未获实用技术。福建省轻工业研究所蘑菇站科技人员在多年研究的基础上，在国际上首次建立起综合性的保鲜技术，包括选育保鲜专用菌株，采前生物技术处理，采后预冷、低温除湿、物理抑酶、物理消毒和气调冷藏等技术与方法，使蘑菇保鲜的时间与效果有了突破性的进展，解决了双孢蘑菇易褐变、开伞、腐败等难题，保鲜期达10～20天，质量符合国家食品安全卫生标准。

(2)罐藏加工。我国蘑菇产品绝大部分均加工成罐头，并以外销为主。制罐是将蘑菇密封在容器里经一定的高温处理，杀灭可引起罐头蘑菇腐败和产毒致病的微生物；同时，还要尽可能保证蘑菇的形态、色泽、营养、风味、质地不受损失，因此掌握好灭菌温度和时间十分关键。制罐工艺包括罐头包装物准备、原料处理、装罐、排气、封口、杀菌和冷却几个环节。具体可参照蘑菇菌种及蘑菇罐头标准综合体(FDBT/QB33.1-33.9-90)进行加工。

(3)盐渍加工。把新鲜蘑菇预煮冷却后放入高浓度的食盐溶液中，食盐产生的高渗透压使菇组织中含有的水分和可溶性物质从细胞中渗出，盐水渗入，菇体含盐量逐渐与食盐溶液平衡,同时也使菇体内外的微生物因高盐浓度处于生理干燥状态而停止生长发育,起到防腐作用。蘑菇盐渍加工分为一次盐渍法和二次盐渍法。盐渍用食盐溶液浓度为 20 ～ 22 波美度。一次盐渍法是用 75 千克食盐溶液加 125 千克预煮冷却的蘑菇,加标准盐封面,每天测盐水浓度,上下翻动一次。若盐水浓度下降,添加食盐至 20 ～ 22 波美度。96 ～ 144 小时后,盐水浓度稳定在 18 波美度时,可进行分级包装。二次盐渍法是把一次法盐渍 48 小时得到的半成品再倒入缸中,加入 22 波美度食盐溶液盐渍 48 小时,待盐水浓度稳定在 18 波美度时进行分级包装。包装要按外贸部门要求的标准,选用清洁卫生、封口严密的塑料桶,盐水浓度保持 18 波美度,盐水要清,色泽黄亮而无杂质。包装时,先在桶内加入 3 千克添加了 0.2% 柠檬酸的 20 ～ 22 波美度的盐水,按蘑菇等级分级、称重、装桶,再加上述盐水封严,可长期保藏或长途运销。

（4）速冻加工。将经预处理的蘑菇在 −35 ～ −30℃ 或更低的温度下速冻后用塑料容器进行包装,或包装后再进行速冻,然后存放于 −18℃ 温度下冷藏,以抑制微生物的生长、繁殖,防止腐败,达到长期保藏的目的。速冻加工工艺包括原料选择、切柄、清洗、护色、热烫、冷却、分级、挑选修整、包装、速冻和冷藏几个环节。

（5）干制加工。干制主要利用热能或冷冻干燥使蘑菇脱水,并使其中可溶性物质的浓度提高到微生物难以利用的程度,达到长期保藏的目的。蘑菇干制产品的含水率一般要求在 7%～ 8%。

（6）蘑菇干片烘干法是用蘑菇切片机把清洗干净的菇纵切成 3.0 ～ 3.5 毫米厚的薄片,在 0.1% 的亚硫酸盐漂液中浸泡 5 ～ 10 分钟,均匀地铺放于烤筛上或烤机的传送带上,不要重叠,先在 50 ～ 55℃ 下干燥,再升高到 65 ～ 70℃,临近结束时,逐步降温。一般干燥至菇片一捏就碎时即可。一级品要求色泽白至灰白,片型完整,二级品片型稍有碎缺,色泽淡黄。产品经分级后即包装贮藏。

（7）蘑菇冷冻干燥法又称真空冷冻干燥或升华干燥。其优点是蘑菇不需要杀青,预处理干净的蘑菇即可用于加工,制品能较好地保持原有的色、香、味、形和营养价值。冷冻干燥的原理是先将蘑菇原料中的水分冻成冰晶,然后把压力减小到一定数值后,供给升华热,在较高的真空下将冰晶直接气化升华而除去。干燥终了时,立即向干燥室充入干燥空气和氮气恢复常压,而后进行包装。由此法干燥的产品质地较脆,故应注意挑选适当的包装材料,为了长期保藏多采用真空包装,并在包装袋内充氮气。蘑菇冷冻干燥的工艺包括:原料清理,送入冷冻干燥系统的密闭容器中,在 −20℃ 冷冻,然后在较高真空度下缓慢升温,约经 10 小时,因升华而脱水干燥,蘑菇失水率占鲜菇重量的 90%,产品含水率为 7%～ 8%。产品具有良好的复厚性,只要在热水中浸泡数分钟就能恢复原状,复水率可达 80%,除硬度略逊于鲜菇外,其风味与鲜菇相比几乎相同。

354 双孢蘑菇产品怎样分级？

按技术要求（FDBT/QB 33.5-90）（表1）进行分级。

表1 双孢蘑菇分级标准

项目名称	一级品	二级品
色泽	白色	
气味	应具有鲜蘑菇固有气味，无异味	
形态	整只带柄、形态完整、表面光滑无凹陷、呈圆形或近似圆形。直径20～40毫米，菇柄切削平整，长度不大于6毫米，无薄菇、无开伞、无鳞片、无空心、无泥根、无斑点、无病虫害、无机械伤、无污染、无杂质、无变色菇	整只带柄、形态完整、表面无凹陷、呈圆形或近似圆形，直径20～35毫米，菇柄切削平整，长度不大于8毫米。菌褶不变红、不发黑，小畸形菇不大于10%，无开伞、无脱柄、无烂柄、无泥根、无斑点、无污染、无杂质、无变色菇，允许小空心，轻度机械伤
脱水率	鲜菇经离心减重不超过6%，经漂洗后增重不超过13%	
病虫害	蛆、螨不允许存在	

十七、食用菌病虫害

什么是食用菌病害？有哪些危害？

在食用菌栽培过程中，其子实体被其他生物侵染，或者栽培基质受其他生物侵染，以及因培养基质、栽培环境或生产管理不当，导致食用菌生长发育受到显著的不利影响，造成严重的经济损失，这种现象称为食用菌病害。（图27）

目前已知的食用菌病害约有 250 种，我国约有 110 种。在食用菌新产区，由于病菌的危害，可造成 10%～18% 的产量损失，而在一些老产区，损失高达 50%～65%，严重的甚至造成绝产。

图 27　食用菌褐色石膏霉病害

食用菌的主要病害有哪些类型？

根据病原物类型，食用菌病害可以分为黏菌病害、病毒性病害、细菌性病害、真

菌性病害、生理性病害五大类。

根据病害发生原因,食用菌病害可以分为竞争性病害、侵染性病害、生理性病害三大类。

 什么是竞争性病害?

由于灭菌操作不严格或菌袋破损,食用菌培养料经过灭菌或堆制发酵后,再被其他微生物污染,这些微生物与食用菌争夺水分、养料、氧气,改变培养料pH值,分泌毒素,导致菌丝萎缩,子实体变色、畸形,培养料腐烂等,人们把这种现象称为竞争性病害。常见的竞争性病害主要由木霉菌、曲霉菌、链孢霉菌、青霉菌、褐色石膏霉和胡桃肉状菌等真菌引起。

 什么是侵染性病害?

主要由真菌、细菌、病毒、线虫等病原物引起,这些病原物侵染菌丝体或子实体后,引起菌丝体凋亡,子实体斑点、腐烂或畸形,直接致病、致畸、致死,这种现象称为侵染性病害,又称传染性病害。

侵染性病害的发病过程一般可分为接触期、侵入期、潜伏期、发病期4个步骤。一般要经过从病原菌受到寄主分泌物及周围环境的影响,与寄主开始接触,通过直接侵入、自然孔口侵入、伤口侵入等侵入途径,主动(线虫以及部分真菌)或被动侵入(细菌、病毒及部分真菌),开始在寄主体内繁殖和蔓延,危害扩大,逐渐开始出现明显症状的过程。

 什么是生理性病害?

由不适宜的培养料或栽培环境条件引起的食用菌生长发育受阻的现象称为生理性病害,常可以引起接种失败、菌丝无法生长或长势不良、菌丝凋亡、无法出菇、子实体畸形、萎蔫枯死,最终导致烂袋或烂筒现象等,对生产造成巨大的损失。

在实际生产中常见的原因有:培养料pH值过高或过低;阔叶树木屑中混入针叶树木屑;使用假冒伪劣的麸皮或石膏等辅料;通风不良导致子实体畸形(特别是灵芝、平菇、杏鲍菇等对空气中二氧化碳反应十分敏感,易导致子实体畸形);温度过高导致菌丝烧菌死亡或活力下降、抗杂能力下降、菌棒腐烂,高温引起幼菇蕾枯死或子实体腐烂;湿度过高引起子实体生长不良等。

 如何理解食用菌病害循环?

病原物从一个栽培季节开始侵染食用菌菌丝体或子实体,到下一个栽培季节再次侵染菌丝体或子实体的过程,称为病害循环,也称为侵染循环。了解病害循环的特点,有利于深刻认识病害的发生规律,是采取相应综合防控策略的基础。

病害循环一般包括:病菌越冬或越夏→病害传播→初次侵染→病害发生→产生孢子→再次传播→再次侵染→再次发病→病菌越冬(或越夏)→病害传播(依次循环)。

病原物从越冬(或越夏)场所传播到食用菌菌丝体或子实体上之后,第一次侵染菌丝体或子实体称为初次侵染。当初次侵染发生后,在感病部位上常产生大量病原物,这些病原物通过各种传播方式,再次传播到其他健康的菌丝体或子实体上,引起病害再次发生,称为再次循环。

在竞争性病害发生时,病原物在培养料中产生各种胞外酶或其他次生代谢产物,抑制食用菌菌丝体正常生长。

在侵染性病害发生时,病原物侵染食用菌菌丝体或子实体,会分泌胞外酶、毒素或抗生素等化学物质到培养基质中,破坏菌丝体或子实体组织,最终导致菌丝体凋亡或子实体腐烂。

在食用菌栽培季节中,再次侵染可能多次反复发生,造成病害流行,直至生产季节结束。

361 食用菌侵染性病害的主要传播方式有哪些?

食用菌侵染性病害通常是由病原物通过某种方式传播到其他健康的食用菌菌丝体或子实体上,不同种类的病原物传播方式往往不同,常见的传播方式有:

(1)培养料带菌传播,尤其是培养料灭菌或发酵不彻底,携带和传播大量病原物。

(2)菌种传播,菌种不纯,携带其他杂菌(非本品种的真菌、细菌、病毒或线虫)时,常造成接种失败。

(3)喷灌水或雨水传播是病原细菌、真菌孢子和线虫传播的主要方式之一。

(4)气流传播是真菌孢子传播的主要方式。

(5)生物介体传播,如菇蝇、菇蚊等昆虫的体足常携带和传播病原真菌和细菌。

(6)人工操作传播,包括疏蕾、采摘等接触传播,或培养料运输、铺料、覆土、菌渣下架等操作过程中传播,或在喷水、通风等操作中传播等。

362 食用菌菌丝培养期主要微生物病害有哪些?

(1)链孢霉。也叫好食脉孢霉、红色面包霉,菌丝白色或灰色,孢子橙红色或粉红色,属中高温型好气性真菌,条件适宜时,生长极快,传播迅速,在以木屑、棉籽壳等作培养基栽培的菌类中常发生,主要危害是与食用菌争夺养分与空间。病原物的分生孢子通过气流、工具和人员操作等进行传播,常生长于袋口棉塞及菌袋表面,

高温高湿的环境该病害容易大面积发生。（图28）

图28　食用菌链孢霉病害

（2）绿色木霉。初期菌丝纤细,白色絮状,生长快,后期产生大量绿色的分生孢子,几天后整个料面变成绿色,能分泌胞外酶和毒素,破坏正常菌丝,常造成烂筒,危害极大。病原物主要来源于栽培场所、培养料、覆土和生活垃圾。菌袋破损、瓶塞松动、使用不洁净工具刺孔或无菌操作不规范时,均易传染病原物。

（3）青霉与拟青霉。在发病初期的菌丝与食用菌菌丝相似,不易区分,当青霉孢子形成后,在培养料上呈现淡蓝色或淡绿色的粉层。青霉菌与食用菌争夺养分和空间,还能抑制食用菌菌丝体生长,一旦覆盖食用菌菌丝体,将导致食用菌无法出菇,危害性大。

（4）曲霉。常见的有3种,黄曲霉、黑曲霉、灰曲霉,根据菌落颜色加以区分。曲霉属中高温型菌,喜湿度大、微酸性环境,主要危害是与食用菌争夺养分和空间,食用菌菌丝生长良好时,可将其覆盖,对出菇影响不大。曲霉广泛存在于土壤、空气及腐殖质上,分生孢子靠气流传播。曲霉生长主要利用淀粉,凡培养料含淀粉较多时容易发生。

（5）毛霉、根霉。均为好湿性真菌,菌丝像烂棉絮状,根霉会产生假根,在培养料含水率偏高时最易发生,主要危害是与食用菌争夺养分和空间,食用菌菌丝生长良好时,可将其覆盖。

（6）细菌类。细菌污染后常使培养料黏结，颜色发黑，有腐烂的腥臭味。昆虫活动、喷水、人工操作等是主要的传播途径。

363 菌丝培养期主要病害发生有哪些原因？

培养期杂菌发生的原因主要有：袋口扎不紧，培养基灭菌不彻底，培养料不新鲜或湿度偏高，接种时无菌操作不严，搬运过程中松袋或刺破菌袋，培养环境消毒不彻底，环境中杂菌孢子浓度大，初侵染源丰富，管理时喷水量过大，空气湿度大，环境通风不良，温度偏高等，实际生产中要依照生产技术规程有针对性地做好预防。

364 菌丝培养期病害的主要防控措施有哪些？

食用菌病害的防治必须坚持"以防为主，综合防治"的方针，主要在于防。防治主要有以下几方面：一是应选择空气新鲜、场所干净、通风良好、凉爽干燥、水源清洁、远离仓库、畜禽舍无污染源的场地作栽培场。二是搞好环境卫生，对场地预先使用高效低毒的杀菌和杀虫药剂进行严格消毒，药剂经常轮换使用。三是严格操作要求，包括使用优质原材料，配方合理，酸碱度、水分适宜，拌料均匀；菌袋质量符合要求，装袋松紧适度；培养料彻底灭菌；生产场所无菌区与有菌区隔离；环境卫生良好、消毒彻底；严格进行无菌操作把好无菌关；创造适宜条件，做到科学培育等。四是对染杂菌袋采用深埋、沤肥、火烧等方法集中处理，避免再次传染。

365 出菇期主要病害有哪些？

（1）食用菌褐腐病，又称湿泡病、疣孢霉病，主要危害蘑菇、草菇和香菇。该病只侵害子实体。轻度感染时菌柄肿大或泡状，严重时子实体畸形。感染后期，菌柄变褐或菌柄基部形成淡褐色病斑，看不到明显的病原菌。若带病菌柄残留于菇床上，会长出一团白色的菌丝，最后变成暗褐色。

（2）食用菌褐斑病，在高温高湿、菇棚通风不畅的情况下，最易导致该病发生。发病初期，在菌盖上出现不规则针头大小的褐色小斑点，后扩大为卵形，渐变为深褐色，直到黑褐色，发病严重时引起菇盖变形、开裂。多发生在双孢蘑菇、金针菇、平菇、香菇、杏鲍菇上。

（3）线虫病，线虫是一种无色的小蠕虫，体形极小，仅1毫米左右。幼虫侵害菌丝体和子实体，开始时菌盖变黑，以后整个子实体全部变黑腐烂并有霉臭味。主要以中空的口针刺入菌丝体细胞，使菌丝细胞解体，再吸收营养，引起菌袋或菌床上迅速"退菌"，培养料腐败变黑，外表潮湿，有异味。

（4）病毒病，感染后，生长稀疏，子实体畸形或不能形成子实体，严重时菌丝体逐渐腐烂，在菇床上形成无菇区。该病具有潜隐特性。已发现寄生危害食用菌的病毒有数十种,常见病毒病有双孢蘑菇病毒病、香菇病毒病和凤尾菇病毒病等。

366 食用菌生理性病害有哪些表现?

食用菌生理性病害常见的有以下几种表现。

(1)缺氧所导致的畸形菇。由栽培棚室中的二氧化碳浓度过高所致。食用菌不同品种表现不同,平菇、猴头菇等表现为子实体呈菜花状分枝或无菌盖的肥脚菇,香菇表现为菌盖和菌柄扭曲,灵芝表现为鹿角状分枝,杏鲍菇表现为无菌盖或菌盖扭曲,毛木耳表现为"鸡爪耳"等。

(2)使用劣质原料引起菌丝稀疏与凋亡。由于栽培料配制时使用了假石膏、劣质麸皮或被杂菌污染的废菌料,常导致菌丝体定植慢,菌丝生长缓慢、稀疏,逐渐出现褐色坏菌斑,吐黄水,气温升高或菌筒注水后菌丝体大面积凋亡,菌筒整体腐烂。

(3)高温导致菌筒腐烂、子实体萎蔫。食用菌不同品种忍耐高温的限度和时间不同。通常37℃以上连续培养48小时或40℃连续培养24小时,大多数食用菌菌丝开始死亡。通常食用菌菌丝在高温下停止生长,长时间处于高温则菌丝色泽由白色渐变为暗淡,无光泽,严重时有水渍渗出,变褐色,最后菌筒腐烂。出菇期,香菇子实体在气温30℃以上连续5天,双孢蘑菇在25℃以上连续3天,都会出现子实体幼蕾萎缩变黄,停止发育,最后萎蔫枯死变褐色的症状。

(4)湿度偏高引起子实体水渍状腐烂。当空气相对湿度长时间接近饱和状态,子实体含水率过高引起盖面颜色变深,水渍状,子实体逐渐被淹死,并引发细菌等病害而腐烂,木耳则表现为流耳。

(5)多种药剂造成的药害。各种杀虫剂、杀菌剂、除草剂、消毒剂和添加剂等均可能导致药害发生。菌丝体发生药害时,表现为菌丝停止生长或死亡;子实体受到药害时表现为出现各种变色斑点,严重时子实体畸形、黄萎或死亡。

367 什么是食用菌虫害?

食用菌在生长发育过程中,会遭受某些动物的伤害和取食,使食用菌菌丝体、子实体或其培养基质被损伤、破坏、取食,造成严重的经济损失,称为食用菌虫害。

368 常见的食用菌的虫害有哪些?

常见的害虫有:

(1)昆虫类。①双翅目虫害如菌蚊科虫害、眼蕈蚊科虫害、瘿蚊科虫害。②弹尾目虫害如紫跳虫、黑角跳虫、短角跳虫、黑扁跳虫姬圆跳虫。③鳞翅目虫害如食丝谷蛾、星狄夜蛾、印度螟蛾。

(2)螨类。腐食酪螨、害长头螨、木耳卢西螨、兰氏布伦螨。

（3）软体动物类。蛞蝓、蜗牛。

369 食用菌主要害虫来源主要有哪些？

（1）大自然中许多田间植物是食用菌害虫的生物链之一，这些害虫在植物与食用菌之间交互危害。

（2）食用菌的菌丝体和子实体营养丰富，气味浓馥，易吸引多种昆虫和动物取食。

（3）栽培基质中的各种秸秆、禽畜粪也是各种昆虫的滋生场所。

（4）食用菌水源不洁净易携带各种病原虫卵等。

370 食用菌虫害发生有什么特点？

（1）种类繁多，据初步统计有 14 个目的昆虫、动物以食用菌的菌丝和子实体为食物，两者合计种类达 90 多种。

（2）侵害面广，食性杂，体形小，隐蔽性强，繁殖量大，暴发性强。瘿蚊、菇蚊、菇蝇、螨虫从培养基质、菌丝到菇体都能取食危害，在培养基的表面和里层都有虫体分布取食危害。

（3）带来病害同时侵入、交叉感染。菇蚊、菇蝇等身上携带病菌和病毒，当其在培养基和菇体上取食和产卵时就传播病菌和病毒。

371 食用菌虫害防控要注意什么问题？

食用菌虫害要以"预防为主，综合防控"为防控原则，具体要以选用抗病虫品种，合理的栽培管理措施，经济有效的防治方法，组成较完整的防治系统，达到降低或控制病虫害的目的。

在虫害大暴发必须以药剂防治时注意：要选用高效、低毒、低残留、对人畜和食用菌无害的药剂，严禁使用剧毒农药，并掌握适当的浓度，适期进行防治。出菇期间严禁使用任何化学药剂防治。

372 食用菌虫害的主要防控措施有哪些？

（1）农业措施。注意环境清洁卫生，培养室、菇棚等使用前严格杀虫消毒。选用抗逆性强的菌种，菌龄要适宜，适当加大播种量促进早成活早长满。培养料要新鲜，配料按照配方即可，勿加过多糖、粮类营养。培养期忌高温高湿通气差。菇场使用时可以合理轮作换茬。

（2）物理措施。培养室、菇房等进出口安装纱网。害虫多发时使用人工诱杀，如灯下放 0.1% 敌敌畏水盆或挂粘虫板等诱杀菇蚊菇蝇类害虫。

（3）生物防治措施。如使用苏云金杆菌等细菌制剂防治螨类、蝇蚊、线虫等，使用鱼藤精、烟草浸出液等植物制剂防治多种食用菌害虫，使用链霉素、金霉素等抗生素类防治细菌性病害等。

（4）化学防治措施。要根据防治对象选择药剂种类和使用浓度。目前我国登记可用于食用菌上的农药种类还不多，现列于表2。

表2 我国登记可用于食用菌上的农药种类

药名	登记号	登记菇	防治对象	毒性	使用方法与用量
5%氟虫腈（锐劲特）	LS2001918	食用菌	菌蛆	低毒	每100平方米喷雾1.5~2.0克
50%咪鲜胺	LS2001627 LS20001214	蘑菇	褐腐病（湿泡病）	低毒	喷雾0.4~0.6克/米²
30%咪鲜胺	PD386—2003	蘑菇	褐腐病（湿泡病）	低毒	拌土喷0.4~0.6克/米²
50%噻菌灵	LS20021838	蘑菇	褐腐病（湿泡病）	低毒	每100千克拌料20~40克
40%噻菌灵	LS200047	蘑菇	褐腐病（湿泡病）	低毒	喷雾0.3~0.4克/米²
4.3%菇净	LS20031183	食用菌	螨、菌蛆	低毒	每10平方米喷雾0.13~0.22克
30%菇丰	LS20051329	食用菌	木霉、湿孢病	低毒	喷雾0.09~0.18克/米²
优氯克霉灵	LS95328	平菇	木霉	低毒	喷雾0.40~0.48克/千克
美帕曲星	LS94793	平菇	绿霉	低毒	喷雾0.40~0.48克/千克

十八、食用菌保鲜与加工技术

373 **食用菌产品有哪些特点？**

（1）食用菌的子实体在采收后虽然离开了基质和营养菌丝，但它仍然是活的有机体，能进行各种代谢并且不断生长。作为蛋白质的一部分酶，尤其是多酚氧化酶、过氧化酶等氧化酶的活性较高，在采收后导致子实体褐变。

（2）在一些食用菌中，采摘后子实体弹射孢子时有发生，而孢子在采摘后继续发育成熟与子实体内的营养物质转化、某些特殊成分及气味的生成还有开伞都有关系。

（3）食用菌的子实体组织结构不发达，没有保护的外壳，比一般植物的果实脆弱，易受机械损伤不耐运输。

（4）一些食用菌的子实体如草菇、鸡腿菇、竹荪等品种在采后很快会自溶。

以上的特点决定了食用菌产品保鲜贮藏和加工的难度。

374 **食用菌保鲜的原理是什么？**

食用菌在贮藏保鲜中仍然是有生命的机体，依靠食用菌活体所具有的对外界不良环境和致病微生物的抵抗性，使其延长贮藏期，保持菇体品质，减少损耗。

375 **食用菌的保鲜方法有哪些？**

冷藏、低温气调贮藏、速冻等方法。

376 **食用菌的冷藏技术要点是什么？**

冷藏是一种常用的行之有效的贮藏方法。少量的鲜菇保鲜，可在挑选、切根、分级包装，经过预冷后再冷藏。大量的鲜菇冷藏则须在预冷库挑选、切根、分级包装再冷藏。温度一般在 0 ~ 5℃，空气相对湿度在 85% ~ 90%。

377 **香菇的冷藏技术有哪些要点？**

（1）鲜香菇挑选。冷藏保鲜的香菇应在采收前 2 ~ 3 天停止喷水，长至八成熟

时采收。

(2)排湿。用晾晒或者 35℃ 热风脱水,香菇脱水率为 15%～20%,即 100 千克鲜香菇晾晒后为 80～85 千克,进入预冷库预冷 24 小时。

(3)分级精选。在 1～5℃ 预冷库中切除菇柄,精选去杂,根据客户要求分级,一般分为 3.5 厘米、5 厘米和 8 厘米三个等级。香菇分级后定量装入塑料筐。

(4)包装起运。包装在准备外运前 8～10 小时进行,按商品规格要求,将冷藏菇装入聚乙烯袋,称量,抽气密封装入泡沫保鲜箱中,1～5℃ 贮运。于空气相对湿度 80%～90%,1℃ 以下贮藏 14～21 天。密封包装冷藏保鲜的鲜香菇应在精选、修整后,菌褶朝上装入塑料袋中,然后封袋,在 0℃ 的条件下贮藏。这种方法一般可保鲜 15 天左右,适合在自选商场销售。

378 双孢蘑菇的冷藏技术要点是什么?

双孢蘑菇冷藏适宜的温度是 0℃,在相对湿度是 90% 时,贮藏期为 1～2 周。双孢蘑菇的冰点因其干物质含量而异,干物质含量高其冰点也越低,如干物质含量为 6.4%,冰点为 -0.7℃,干物质含量为 7.8%,冰点为 -0.9℃。短时间冻结不会影响鲜菇的口感,但放入较高温度一段时间后,呼吸强度将明显上升。

379 草菇的冷藏技术有哪些要点?

(1)适时采收。因草菇极易自溶,应在子实体已充分长大,且底部粗、上部尖、呈典型的鸡蛋状时采收,早晚各一次,必要时则一天多次。

(2)修整分级。将草菇蛋逐个进行修剪,按大、中、小分级装筐,一般 5 千克一筐。

(3)通风去湿。在 15～20℃ 环境下晾至菇体表面不粘手为止。重量损失约 5%。

(4)中温贮运。筐箱周围用冰块降温,外用聚乙烯塑料袋包裹,或用冷藏车调温 15～20℃,可安全贮运 3～4 天。

380 什么是食用菌的低温气调贮藏技术?

气调贮藏主要是调节贮藏环境中氧气与二氧化碳的比例,通常还加入氮气。适当降低空气的氧分压和提高二氧化碳(或氮气)分压,有利于抑制食用菌新陈代谢和微生物的活动,这是气调贮藏的理论依据。在控制气体组成的同时,保持适宜的低温条件,可以使食用菌获得更好的贮藏效果。

381 食用菌的其他贮藏技术有哪些?

食用菌的贮藏保鲜技术除了冷藏、低温气调贮藏和速冻以外,还有辐射处理、化学药品或植物生长调节剂处理、电磁处理以及减压保鲜等多种方法。

382 食用菌初级加工技术有哪些？

食用菌产品的加工有利于充分利用产品有效成分，提高产品附加值，延长食用菌产品保存期，增加产品种类，方便食用菌产品的运输，均衡食用菌市场供应，提高栽培食用菌的经济效益，食用菌产品的初加工比较简单，所需设备也有多种层次，既可以家庭作坊式生产也可以工厂化大规模生产，盐渍、干制、罐藏这几种方法均属于产品初级加工方法。（图29）

图29　食用菌加工产品

383 盐渍菇的加工原理是什么？

食用菌的盐渍加工是将食用菌子实体经过挑选，去除劣质、霉腐或者有病虫害的菇体后，对食用菌子实体经过预煮（杀青）、漂洗，再用一定浓度的盐水浸泡，从而最大限度保持子实体的营养价值和商品价值。盐渍加工主要是利用高盐溶液的渗透压，增加菇体细胞膜的渗透性，使子实体细胞自由水大大减少，微生物生长受到抑制，菇体细胞生理生化反应因缺少自由水而减弱或者终止。同时还相应减少或终止了酶促褐变等生化反应。

384 盐渍菇的处理有哪些步骤？

（1）采收与分级。供应盐渍的菇体必须适时采收，采收时轻拿轻放，保证菇体完整、无破损。除去病残菇和畸形菇，按客户要求分级。尽快送到加工的地方。

（2）漂洗护色。将新鲜菇体用0.5%的盐水漂洗，除去菇体表面的泥屑和杂物。防止菇体变色。

（3）杀青。在开水中倒入漂洗过的菇体，边煮边上下翻动，一般煮8～10分钟即可,保证菇体熟而不烂。

(4)冷却。将煮好的菇体迅速放入流动的冷水中冷却。

(5)盐渍。通常采用二次盐渍,即冷却好的菇体先放入 15%～16% 盐水中盐渍 3～4 天,再将菇体捞起放入 23%～25% 的盐水中,开始几天最好每天转缸一次,发现盐水浓度低于 20% 时立即加盐补足。盐渍一周后,盐水浓度不再下降,盐水的浓度稳定在 22 波美度时,即可装桶。

(6)装桶与调酸。将盐渍好的盐水菇捞起,沥去盐水,约 5 分钟后称重装桶。将桶中盐水的浓度调为 22 波美度,用 0.4%～0.5% 柠檬酸溶液调节 pH 值至 3.0～3.5,然后加盖密封。

 385 食用菌的罐藏技术有哪些环节?

食用菌罐藏的工艺流程如下:原料验收→护色运输→漂洗→杀青→冷却→修整、分级→灌装注汁→排气密封→杀菌→冷却→质量检测→包装、入库。

参 考 文 献

［1］吕作舟. 食用菌栽培学[M]. 北京:高等教育出版社,2006.

［2］边银丙. 食用菌栽培学[M].3 版. 北京:高等教育出版社,2017.

［3］李育岳. 食用菌栽培手册[M]. 北京:金盾出版社,2007.

［4］黄毅. 食用菌栽培[M]. 北京:高等教育出版社,2008.

［5］丁湖广. 食用菌菌种规范化生产技术问答[M]. 北京:金盾出版社,2010.

［6］姚方杰,边银丙. 图说黑木耳栽培关键技术[M]. 北京:中国农业出版社,2011.

［7］贺新生. 羊肚菌生物学基础、菌种分离制作与高产栽培技术[M]. 北京:科学出版社,2017.

［8］刘伟,张亚,何培新. 羊肚菌生物学与栽培技术[M]. 长春:吉林科学技术出版社,2017.

［9］陈启武,夏群香. 平菇姬菇秀珍菇栽培新技术[M]. 上海:上海科学技术文献出版社,2005.

图书在版编目（CIP）数据

现代食用菌栽培实用技术问答／刘世玲，焦海涛主编．--武汉：湖北科学技术出版社，2019.3
（丘陵山区迈向绿色高效农业丛书）
ISBN 978-7-5706-0603-0

Ⅰ．①现… Ⅱ．①刘… ②焦… Ⅲ．①食用菌—蔬菜栽培—问题解答 Ⅳ．①S646-44

中国版本图书馆 CIP 数据核字（2019）第 023050 号

现代食用菌栽培实用技术问答
XIANDAI SHIYONGJUN ZAIPEI SHIYONG JISHU WENDA

责任编辑：邱新友　王贤芳　　　　　　　　　　封面设计：曾雅明

出版发行：湖北科学技术出版社　　　　　　　　电话：027-87679468
地　　址：武汉市雄楚大街 268 号　　　　　　　邮编：430070
　　　　　（湖北出版文化城 B 座 13-14 层）
网　　址：http://www.hbstp.com.cn

印　　刷：湖北新华印务有限公司　　　　　　　邮编：430035

787×1092　　　　1/16　　　　10 印张　　　　　　196 千字
2019 年 5 月第 1 版　　　　　　　　2019 年 5 月第 1 次印刷
　　　　　　　　　　　　　　　　　　　　定价：35.00 元

本书如有印装质量问题　可找本社市场部更换